LIVE EARTH

OS SHOWS CONTRA O CLIMA EM CRISE

MANUAL *LIVE EARTH* DE SOBREVIVÊNCIA AO AQUECIMENTO GLOBAL

77 táticas essenciais para frear a mudança climática ou sobreviver a ela

LIVE EARTH

OS SHOWS CONTRA O CLIMA EM CRISE

MANUAL *LIVE EARTH* DE SOBREVIVÊNCIA AO AQUECIMENTO GLOBAL

77 táticas essenciais para frear a mudança climática ou sobreviver a ela

David de Rothschild

TRADUÇÃO: Alessandra Mussi Araujo e
Alyne Azuma Rosenberg

INTRODUÇÃO POR Rob Reiner

POSFÁCIO POR Kevin Wall

ILUSTRAÇÕES DE William van Roden

PRODUZIDO POR Melcher Media

COM A COLABORAÇÃO DE Adam M. Bright, Max Dickstein, Mikki Halpin, Kira Gould, Shelley Lewis, Aaron Naparstek, Erik Ness, Andrew Postman, Hillary Rosner, Kate Sekules, Amanda Park Taylor, Jocko Weyland, Lizz Winstead e Michele Zipp

Manole

Título original em inglês: The Live Earth – Global warming survival handbook
Tradução: Alessandra Mussi Araujo e Alyne Azuma Rosenberg
Editoração eletrônica: Avit's Estúdio Gráfico Ltda.
Preparação e Revisão: Depto. Editorial da Editora Manole
Adaptação da capa para a edição brasileira: Depto. de Arte da Editora Manole
Projeto gráfico original: Circle & Square

Dados Internacionais de Catalogação na Publicação (CIP)
(Câmara Brasileira do Livro, SP, Brasil)

Rothschild, David de
Manual *Live Earth* de sobrevivência ao aquecimento global: 77 táticas essenciais para frear a mudança climática ou sobreviver a ela / David de Rothschild; tradução Alessandra Mussi Araujo e Alyne Azuma Rosenberg. – Barueri, SP: Manole, 2007.

Título original: The Live Earth: global warming survival handbook.
ISBN 978-85-204-2687-6

1. Aquecimento global 2. Desenvolvimento sustentável 3. Meio ambiente 4. Mudanças climáticas 5. Sobrevivência – Capacidade I. Título

07-5114 CDD-363.73874

Índice para catálogo sistemático:
1. Aquecimento global: Sobrevivência: Problemas ambientais 363.73874

Os autores e editores fizeram grandes esforços para pesquisar e garantir a precisão das informações contidas neste livro. Entretanto, o conteúdo desta obra é apenas informativo. Nem os criadores nem o editor podem assumir qualquer responsabilidade por qualquer acidente, ferimento, prejuízo ou outro tipo de dano resultante do uso deste livro.
Eventuais erros trazidos ao conhecimento do editor serão corrigidos em futuras edições. Os números de telefone e os URLs fornecidos neste livro eram precisos no momento em que o manuscrito foi encaminhado para impressão.

Produzido por Melcher Media
124 West 13th Street
New York, NY, 10011
www.melcher.com

Direitos em língua portuguesa adquiridos pela:
Editora Manole Ltda.
Av. Ceci, 672 – Tamboré
06460-120 – Barueri – SP – Brasil
Fone: (11) 4196-6000
Fax: (11) 4196-6021
www.manole.com.br
info@manole.com.br

Impresso no Brasil
Printed in Brazil

SUMÁRIO

Introdução

Rob Reiner
DIRETOR AMBIENTALISTA

Em *Live Earth*, enviamos uma mensagem para o mundo: Socorro!

Ficamos angustiados por ter de pedir a todos: vamos salvar o planeta da crise climática. Esta é a mensagem mais urgente que podemos passar para nossos amigos, líderes e para o resto do mundo.

Essa crise afeta a todos, em toda parte. A temperatura da Terra está subindo. Nossas fontes de água e alimentos estão se tornando escassas, nossos oceanos, poluídos e as cidades costeiras e ilhas estão em perigo. A magnitude do problema implica que apenas uma resposta verdadeira e global seja capaz de saná-lo.

A boa notícia é que cada um de nós pode tomar uma atitude para resolver essa crise. Todos temos um papel a desempenhar e nenhum de nós será o responsável sozinho. Temos o *know-how* e a tecnologia: carros menos poluentes, fazendas eólicas, energia solar e lâmpadas mais econômicas.

Este livro descreve 77 táticas que podemos colocar em prática ainda hoje. Como você verá, muitas delas são de execução simples, fácil e barata. Algumas exigem uma dedicação maior de tempo e recursos. Estamos todos em estágios diferentes de conscientização e atitudes; mas não importa se você é novato ou especialista no assunto – este livro tem algo a lhe oferecer.

Live Earth é o começo de um movimento ambiental global que aproveita a força de todos trabalhando em conjunto. Não nos intimidaremos pelo tamanho do problema. A soma positiva de pequenas ações, multiplicadas por milhões de pessoas, pode levar a efeitos decisivos. Você é parte desse movimento e as pequenas mudanças que colocar em prática farão parte de um todo.

Prefácio

David de Rothschild
FUNDADOR DO ADVENTURE ECOLOGY

Sempre me interessei mais pelo que passa fora do que dentro da janela.

Essa curiosidade natural tem sido a fonte de algumas aventuras extraordinárias. Tive a incrível oportunidade de passar vários meses em alguns dos ecossistemas mais frágeis do mundo, e foi quando vivi uma aventura polar que eu realmente comecei a entender a amplitude e a complexidade da mudança climática. No meio do Ártico, cercado por 14 milhões de km^2 de oceano congelado, senti que não passava de uma partícula de poeira no horizonte infinito do ecossistema mais majestoso, em estado bruto e importante do ponto de vista ambiental da Terra.

Essa expedição, que cruzou o Oceano Ártico, foi interrompida quando as temperaturas mais altas tornaram o gelo vulnerável demais. De repente, ficou claro que pensar em proteger o planeta não mais é o suficiente: temos de pensar sobre como poderemos sobreviver neste planeta. Precisamos ter as habilidades necessárias para tanto.

Em todas as minhas viagens, descobri que a sorte favorece os bem informados. E assim resolvi escrever o *Manual* Live Earth *de Sobrevivência ao Aquecimento Global*. Espero que este manual o prepare com as táticas necessárias para frear a mudança climática ou sobreviver a ela se seguirmos as etapas necessárias!

Cabe a nós, como "globalsapiens", criar um caminho mais sustentável do que o seguido até hoje. Chegou a hora de parar de fazer parte do problema e nos tornarmos parte da solução.

Desespero não inspira atitude. As 77 táticas descritas aqui incentivarão a ação e o raciocínio. Mais importante ainda, este manual deve motivá-lo a juntar-se aos outros milhões de participantes da aventura de transformar os pontos ameaçados da Terra em pontos de esperança.

Controle do Clima: Uma Introdução ao Aquecimento Global

Conversar sobre o clima era algo tão casual... *Está um lindo dia, não?* ou *Que chuva, não?*

Hoje, o clima deixou de ser uma amenidade e transformou-se em polêmica. *Que calor infernal, não? Deve ser o tal do aquecimento global.* Para muitos, a maior ameaça ambiental que o ser humano jamais enfrentou é uma questão política.

Mas isso não é verdade. O aquecimento global é um fato científico: 2006 foi o sexto ano mais quente desde 1850; os outros cinco foram 1998, 2005, 2003, 2002 e 2004. Seja você um pescador do Kiribati que está perdendo sua ilha para o mar que não pára de subir ou um praticante de *snowboard* que não conseguiu encontrar neve no último inverno no hemisfério Norte, a mudança climática está marcando presença.

Se não reconhecermos a natureza imediata dessa ameaça, as conseqüências poderão ser catastróficas. Níveis dos mares que não param de subir, temperaturas extremamente elevadas, tempestades avassaladoras, secas, epidemias, pestes. A descoberta de soluções começa com a identificação do problema. Em suma, vejamos como o aquecimento global funciona. A energia do Sol, na forma de luz e calor, aquece a Terra. O calor aumenta e parte dele retorna ao espaço. No entanto, a maior parte do calor fica presa na atmosfera em moléculas de "gases do efeito estufa", cujo sugestivo nome descreve exatamente a conseqüência desses gases. O vapor d'água é o principal gás do efeito estufa, além do CO_2 (dióxido de carbono), metano e óxido nitroso. Tudo isso é natural – na verdade, sem o efeito estufa a Terra seria fria e inabitável.

O problema é que aumentamos demais a quantidade de CO_2, metano e óxido nitroso na atmosfera em grande parte queimando, por exemplo, florestas e combustíveis fósseis. Antes da Revolução Industrial, havia 280 ppm (partes por milhão) de CO_2 na atmosfera. Hoje, o CO_2 está em cerca de 380 ppm. Fatorado em todas as outras emissões provocadas pelo homem, o resultado será de 430 ppm de CO_2.

Quanto maior o número de moléculas de gases do efeito estufa, maior o aquecimento no planeta. A atmosfera é tão imensa que as mudanças parecem lentas, quando são perceptíveis, mas esses aumentos acabam causando um impacto importante. Nos últimos 30 anos, a temperatura média da Terra subiu 0,6°C, o que pode não parecer muito, mas a Pequena Idade do Gelo em meados do último milênio, foi sinalizada por uma mudança de apenas 1°C. A inércia no sistema nos aquecerá em pelo menos mais 0,6°C até 2020.

Mas o ser humano continua sossegado: as emissões de gases do efeito estufa estão aumentando e os atuais índices de crescimento duplicarão os níveis pré-industriais dos gases até 2050. Se países como a China e a Índia alcançarem os mesmos níveis de emissões dos Estados Unidos, chegaremos a essa cifra por volta de 2035.

O que acontecerá então? Com o dobro de gases do efeito estufa, é bem provável que tenhamos um aumento de 2°C na temperatura média do planeta ainda neste século. Além disso, começaremos a enfrentar todo o tipo de desastre. Em torno de 2080, até 3 bilhões de pessoas poderão sofrer com a falta de água e 200 a 600 milhões passarão fome. Entre 20 e 30% de todas as espécies podem entrar em extinção. O degelo da calota polar da Groenlândia será acelerado, provocando uma elevação de 7 m no nível do mar.

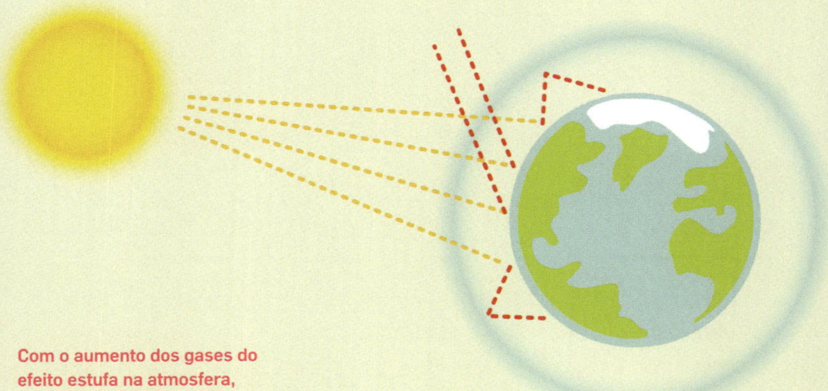

Com o aumento dos gases do efeito estufa na atmosfera, um volume maior de energia do Sol ficará preso.

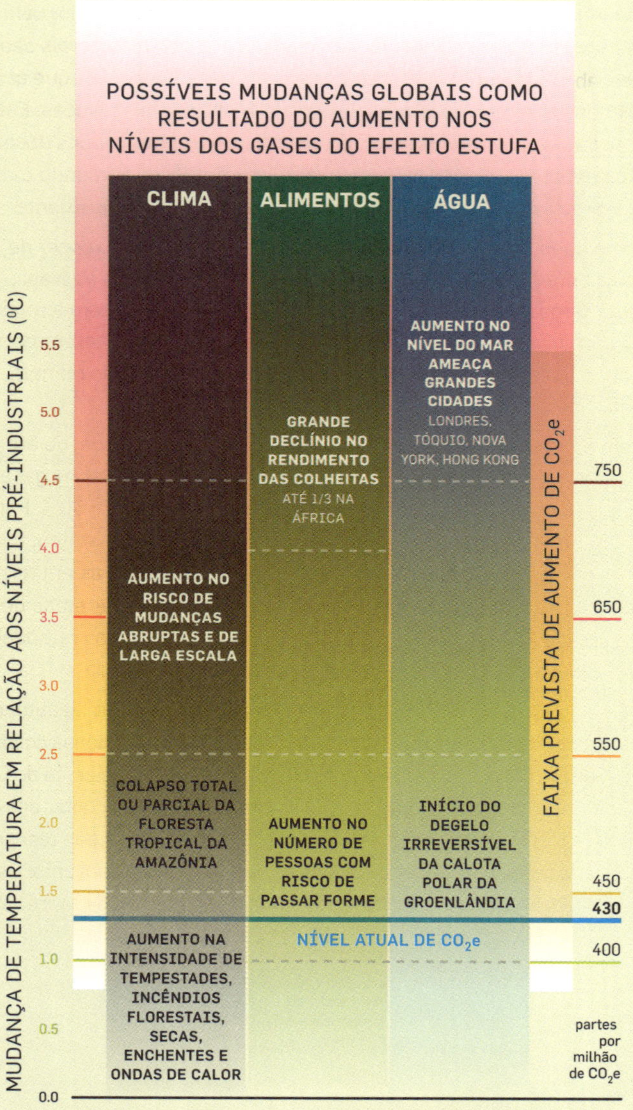

TABELA BASEADA NA ANÁLISE RIGOROSA DOS INDICADORES ECONÔMICOS DA MUDANÇA CLIMÁTICA

Estamos avançando rapidamente rumo a um vazio preocupante. Ninguém sabe exatamente quais serão os desdobramentos. Mas os contornos gerais são bastante claros, absolutamente devastadores e ratificados por provas que quase todos os cientistas respeitáveis consideram alarmantes e inequívocas. Estas não são palavras comuns no vocabulário científico. No entanto, após décadas de estudos e debates, as principais organizações científicas do mundo todo passaram a chamar a mudança climática de uma ameaça real e urgente.

A ciência tem dado sinais sem precedentes e devemos nos convencer de que chegou a hora de agir. James Hanse, pesquisador do clima na Nasa, acredita que "temos uma oportunidade muito fugaz para lidar com a mudança climática... não mais do que uma década, no máximo". Como viveremos os próximos anos pode afetar profundamente o resto da história do planeta. Se não começarmos a mudar hoje, talvez será tarde demais.

Nossa tarefa é monumental. Muito maior do que qualquer pessoa, ou até mesmo qualquer nação, poderia realizar sozinha. Só para manter os gases do efeito estufa nos níveis atuais, temos de reduzir as emissões em 60%. Para diminuir o nível dos gases e reverter o aquecimento que já se instalou, toda a economia de combustíveis fósseis, que nos proporcionou proezas em termos de riqueza e tecnologia, terá de ser repensada. A curto prazo, teremos de fazer uma série de adaptações. A longo prazo, talvez precisemos remodelar, reinventar e renovar alguns dos elementos básicos da sociedade.

Sua ajuda é necessária. Você precisa assumir sua pequena parcela de atitudes em casa, no escritório e em seu bairro porque, multiplicadas, pequenas coisas somam um milhão. Isso é tão certo quanto o fato de que cada molécula de CO_2 compõe o acúmulo de gases na atmosfera. Também precisamos contar aos nossos amigos sobre as iniciativas políticas, apoiar e votar em líderes que tenham visão para fazer a diferença, ajudar a remodelar nossas cidades e inventar as tecnologias do futuro. A jornada começa com uma conversa amena sobre o clima.

O gráfico na página anterior ilustra os tipos de impactos que poderemos sofrer com o aquecimento do planeta e com os gases do efeito estufa. Diferentes níveis de CO_2 na atmosfera trazem uma série de efeitos em larga escala.

10 Atitudes Simples para Ajudar a Combater o Aquecimento Global

Adaptado de *Top 10 for the Planet* da Adventure Ecology

1 Ajuste sua Temperatura em Dois Graus

VEJA A TÁTICA N. 20: VISTA UM SUÉTER

Reduzir a temperatura de seu aquecedor em 2°C no inverno e aumentar o ajuste do ar condicionado em 2°C no verão são atitudes que podem poupar o planeta de mais de 1/3 de ton de emissões de CO_2 ao ano.

2 Troque a Lâmpada

VEJA A TÁTICA N. 3: TROQUE A LÂMPADA

Se cada casa no Reino Unido usasse uma única lâmpada de baixo consumo de energia, já seria o suficiente para desligar uma estação de força.

3 Desligue os Aparelhos que Ficam em *Stand-by*

VEJA A TÁTICA N. 10: ACABE COM OS FANTASMAS

O que são essas luzinhas vermelhas em seu televisor, no aparelho de som e no computador? Elas indicam que o aparelho está em *stand-by*, à espera de um clique do controle remoto para serem ativados, mas que estão consumindo energia. Desligue-os de verdade desconectando o interruptor da tomada e faça uma economia de 10% ou mais em energia e emissões relacionadas.

4 Diga Não aos Sacos Plásticos

VEJA A TÁTICA N. 38: ESCOLHA A SACOLA CERTA

A história dos 500 bilhões a 1 trilhão de sacos plásticos usados diariamente não tem um final feliz. A maior parte desses sacos vai para aterros de lixo, é jogada nas ruas ou prejudica animais terrestres e aquáticos.

5 Faça Compras Perto de Casa

VEJA AS TÁTICAS N. 29: CALCULE SUAS *FOOD MILES*; E N. 30: PRESTIGIE A QUITANDA DA ESQUINA

Em média, cada item de seu supermercado local viajou mais de 1.500 km para chegar até sua casa. Fazer compras perto de casa ajuda a reduzir a quantidade de energia usada no transporte.

6 Traga sua Própria Caneca

VEJA AS TÁTICAS N. 18: DIGA NÃO AO ISOPOR; E N. 25: TRANSFORME SEU LOCAL DE TRABALHO EM UM ESCRITÓRIO VERDE

Traga sua própria caneca. Copos e tampas descartáveis vão direto para os lixões, onde se tornam presença maciça.

7 Adote o Transporte Público

VEJA A TÁTICA N. 36: DESCONGESTIONE O CENTRO DA CIDADE

Um ônibus pode transportar o mesmo número de pessoas que 50 carros. Metrôs e trens têm capacidade ainda maior. Para cada quilômetro percorrido, o transporte público usa cerca de metade do combustível de um veículo particular.

8 Ande de Bicicleta ou a Pé

VEJA A TÁTICA N. 35: ANDE DE BICICLETA

Vá a pé ou de bicicleta ao trabalho, a escola ou às compras. Se você fizer isso apenas uma vez na semana, dará ao planeta a preciosa redução de emissões de CO_2 de seu carro.

9 Diga Sim aos Banhos Rápidos

VEJA A TÁTICA N. 45: TOMEM BANHO JUNTOS

O aquecimento global promete piorar a escassez de água no mundo todo. Uma ducha rápida consome 1/3 da água usada em um banho de banheira. Reduzir o tempo no chuveiro em um minuto pode poupar mais de 1.800 L de água por ano.

10 Plante Algo

VEJA AS TÁTICAS N. 28: PLANTE SEU PRÓPRIO TOMATE; N. 39: PLANTE UMA ÁRVORE (COM CUIDADO); E N. 48: DEIXE SEU TELHADO VERDE

As plantas inalam CO_2 e expelem oxigênio. Uma única árvore fornece oxigênio suficiente para duas pessoas durante a vida toda. Plantas e árvores fornecem abrigo e alimento para pássaros e outros seres da natureza.

0 Como Ler Este Livro

Faça as contas: se 1 milhão de pessoas mudasse uma coisa na vida, o resultado seria...	CUSTO*	TEMPO*	ESFORÇO*	IMPACTO*
	US$ 20	15 min		

COMIDA E ABRIGO

ESTRATÉGIA DE SOBREVIVÊNCIA

ENERGIA E TRANSPORTE

TRABALHO E COMÉRCIO

SE TUDO O MAIS FALHAR

Idéia brilhante

Alerta de CO_2

Perigo

Eficácia em termos de energia

$$$ Dica de economia

A atmosfera está ficando mais espessa. O planeta está em chamas. O que devo fazer?

Este livro é um manual de sobrevivência. As 77 táticas descritas aqui oferecem várias maneiras diferentes que podem ajudá-lo a apagar o incêndio. Há pequenas atitudes a tomar, grandes passos a dar e, se tudo o mais falhar, restam as providências que serão necessárias, sinalizadas por listas de alerta em rosa.

Comece com o primeiro compromisso de combate ou escolha um do meio deste livro. Cada atitude será tomada em prol do planeta e fará parte de nossa sobrevivência.

*Custo e tempo são estimativas mínimas. Os resultados podem variar. O esforço pessoal e o impacto potencial são medidos em uma escala de 1 a 5.

ISENÇÃO DE RESPONSABILIDADE: Se tudo o mais Falhar... Esperamos não chegar a uma situação tão grave, mas se for inevitável, o *Live Earth* não pode garantir que o planeta será habitável ou que o camelo vai quebrar seu galho. Peço ao leitor para que não leve as atitudes descritas neste manual ao pé da letra, mas entenda-as como reações práticas a situações insondáveis.

1 Compromisso

Se 1 milhão de pessoas se manifestar dizendo: "posso ajudar a combater o aquecimento global", teremos dado o primeiro passo.	CUSTO	TEMPO	ESFORÇO	IMPACTO
	0	ininter-rupto		

As táticas de sobrevivência mais críticas são a perseverança e uma mente aberta.

O aquecimento global pode ser o desafio mais difícil que a humanidade jamais enfrentou, mas não se assuste. Nossa sobrevivência depende da sua capacidade de manter a calma, usar a cabeça e não vacilar.

Se este livro for seu primeiro contato com os fatos sobre o aquecimento global, talvez você entre em "estado de choque climático" causado pela súbita percepção do perigo iminente que enfrentamos. Os sinais de alerta incluem falta de ar, uma sensação de impotência e desespero, uma preocupação com os ursos polares e uma ânsia de falar a todos sobre as geleiras.

Felizmente, o choque e a mudança climática podem ser controlados se todos assumirmos o compromisso de fazer a nossa parte. O primeiro passo é decorar esta sigla:

C	ompromisso em memorizar as sugestões deste livro
P	erseguir e destruir, um a um, os hábitos que provocam excesso de CO_2
I	nspirar os outros a fazer o mesmo
P	ressionar os líderes a fazer grandes mudanças
R	ir um pouco — salvar o planeta não será fácil, mas não precisa ser uma tarefa chata

2 Mude aos Poucos

Se 1 milhão de pessoas reduzisse as emissões em 10%, eliminaríamos 750.000 ton de CO_2 ao ano.	CUSTO	TEMPO	ESFORÇO	IMPACTO
	0	pouco		

É discutível, porém provável, que a maioria dos pensamentos sobre mudanças paulatinas — por exemplo, "uma jornada de mil milhas começa com o primeiro passo", atribuídos a Confúcio, Mao ou identificados como provérbios da sabedoria chinesa — esteja traduzida de maneira errada. O primeiro passo, na verdade, refere-se a "mil *li*", cerca de 640 km.

Quase todas as tentativas de mudança falharam — não por má vontade, mas por falta de planejamento e pragmatismo. Mesmo assim, se o comportamento a ser mudado não foi adquirido em um único dia, como você espera mudá-lo de uma hora para a outra?

ESCOLHA UMA META Analise os prós e os contras. Para operar esta mudança, você terá de fazer algum tipo de concessão nos seus valores? Uma meta a considerar: reduzir sua pegada de carbono em quase meia tonelada por ano.

ESCREVA UMA META CLARA E SE PERGUNTE: ESTE OBJETIVO É REALMENTE VIÁVEL? "Quero que minha casa seja 100% suprida com energia solar até a próxima quinta-feira" é um desejo idealista. "Quero reduzir meu consumo de combustíveis fósseis em 10% nos próximos seis meses" é o início de um projeto.

IDENTIFIQUE AS TÁTICAS E OS RECURSOS NECESSÁRIOS Se você não anda de bicicleta há 20 anos, ainda não é hora de vender seus veículos motorizados de quatro rodas e contar apenas com sua própria força motriz. Encontre alternativas de como mudar agora — por exemplo, será que dá para praticar o transporte solidário uma ou duas vezes por semana? Analise por que você continua com determinados hábitos. Por conveniência, talvez? Como o seu novo estilo pode ser adaptado às suas preferências e necessidades?

DIVIDA SEU PLANO EM PEQUENAS ETAPAS VIÁVEIS

"Segunda-feira vou ligar para a distribuidora de energia e pedirei para aderir ao plano que subsidia alternativas de energia mais favoráveis ao meio ambiente". Cada iniciativa bem-sucedida ajuda a desenvolver a confiança. Se não conseguir realizar uma etapa, pense em outra mais viável. E não se compare ao que imagina que os outros poderão conseguir. É a sua vida que você está mudando.

PENSE NOS POSSÍVEIS TROPEÇOS Como imprevistos são inevitáveis, esteja preparado para eles e pense em como se reorganizará diante de algum contratempo. "Quando meus parentes me visitaram, insistiram que eu colocasse o aquecimento da casa na temperatura máxima, mas nesta semana vou reduzir a temperatura em um grau".

CONVERSE Conte aos amigos e familiares sobre seu propósito. Enfatize um aspecto realmente interessante de sua iniciativa. Assim, seu objetivo ficará mais concreto para você e os outros poderão apoiá-lo.

REVISE O PLANO Você está progredindo? Precisa modificar o plano? Observe quais partes funcionam e modifique as que não estão dando certo.

RECOMPENSE A SI MESMO Ao alcançar pequenas marcas de sucesso, reconheça seu esforço em prol da mudança. Não se envergonhe de ter orgulho de seus feitos; quanto melhor você se sentir, maior sua capacidade de ação.

FIQUE DE OLHO NO PRÊMIO Mudar hábitos de toda uma vida pode demorar entre três e seis meses ou mais. Não desista se ainda estiver com dificuldades na quarta semana. Com o tempo, tudo ficará mais fácil e você acabará incorporando os novos costumes.

3 Troque a Lâmpada

Em 1 milhão de residências, se cada uma trocasse quatro lâmpadas, seriam eliminadas 900.000 ton de gases do efeito estufa.	CUSTO	TEMPO	ESFORÇO	IMPACTO
	US$ 3	10 min	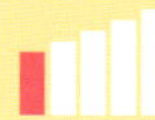	

Se cada lar americano trocasse pelo menos uma de suas lâmpadas incandescentes por uma LFC (lâmpada fluorescente compacta), teríamos uma redução nos gases do efeito estufa equivalente às emissões anuais de quase 800.000 carros.

226 kg

é o equivalente ao volume de carvão queimado quando você prefere uma lâmpada incandescente a uma LFC durante a vida útil da lâmpada.

Watt!?

A iluminação consome mais energia no mundo do que a gerada em usinas nucleares e hidrelétricas.

A princípio, as lâmpadas fluorescentes compactas não foram bem aceitas, pois sua luz fria e berrante deixava as pessoas com cara de mortos-vivos. Graças aos avanços tecnológicos, hoje em dia é mais fácil encontrar lâmpadas fluorescentes que produzem uma iluminação mais aconchegante e natural.

Para resultados mais naturais, procure lâmpadas com temperatura de cor de aproximadamente 2.700 K e índice de rendimento de cor de no mínimo 80. Certifique-se de que as lâmpadas têm o selo de consumo eficiente de energia.

IDENTIFIQUE

Esta é fácil. Encontre uma lâmpada incandescente em sua casa. Saiba que este é o mesmo tipo de lâmpada usado desde 1878.

COMPRE

Vá até a loja. Gaste cerca de US$ 2,60 em uma LFC para trocar a lâmpada antiga. (Você vai comprar uma lâmpada que lembra um daqueles sorvetes de máquina sabor baunilha que compramos em quiosques.)

DESLIGUE O INTERRUPTOR

Verifique se o interruptor está desligado. O ideal é trocar a lâmpada durante o dia, enquanto é possível enxergar com a luz natural.

REMOVA

Gire a lâmpada antiga com cuidado no sentido anti-horário até soltar o soquete. Guarde-a para emergências.

TROQUE

Coloque a nova LFC que oferece a mesma quantidade de luz, dura 10 vezes mais e usa cerca de 75% menos energia em relação à lâmpada antiga.

ECONOMIZE

Deposite no banco o valor que você poupará em sua conta de luz. Como esse montante vale para cada lâmpada trocada, por que não trocar uma dúzia delas?

4 Calcule sua Pegada de Carbono

A pegada de carbono anual de 1 milhão de americanos equivale às emissões de CO_2 de 1,2 milhão de carros.	CUSTO	TEMPO	ESFORÇO	IMPACTO
	0	10 min		

Algumas calculadoras na Web vendem lâmpadas e outras formas de reduzir sua cota de emissão de gás carbônico. Fique atento e use seu ceticismo habitual.

1 ton é uma ótima meta para a redução no volume de CO_2 que você emite por ano.

Cada um é parte do problema. A questão é: qual a minha parcela nisso tudo? Há centenas de sites que ajudam a calcular a pegada de carbono em cada atividade do dia-a-dia – mesmo naquele último *cheeseburger* que você comeu.

A maioria dos cálculos concentra-se nos três itens que mais emitem gás carbônico em nosso cotidiano: carros, aviões e residências. O uso doméstico de energia é responsável por 21% das emissões de carbono nos EUA, enquanto o transporte responde por 33%. As viagens aéreas perfazem 10% do volume, no entanto, as pegadas dos participantes de programas de milhagem crescem rapidamente.

Como cada calculadora gera hipóteses sobre sua vida, é importante que você leia as explicações. Por exemplo, muitas presumem que você mora na Europa. Tente alguns modelos diferentes e compare os resultados; se a discrepância for muito grande, descobrir o motivo pode revelar muito sobre sua cota de emissão de gás carbônico.

Calculadoras locais costumam funcionar melhor — por exemplo, um site do Alasca deve computar a energia renovável em diferentes partes do estado. As melhores calculadoras, como a da Agência de Proteção Ambiental dos EUA (EPA), lidam com questões mais complexas como a reciclagem, a distância que o alimento percorre da fonte até a mesa do consumidor ou quanto é possível economizar reduzindo 1 grau no termostato. Essa calculadora está disponível em: www.epa.gov/climatechange/emissions/ind_calculator.html.

UMA PLANILHA SIMPLES

Há muitos outros fatores que podem contribuir para a redução de sua pegada de carbono, mas os quadros abaixo medirão cerca de metade dela. E não se trata simplesmente de CO_2 – estas cifras mostram um "equivalente de CO_2", que leva em conta o metano e outros gases do efeito estufa.

DE CARRO

QUILÔMETROS RODADOS POR ANO: A

CONSUMO MÉDIO DO CARRO: B

A ÷ B = C

5.311 (CO_2e/litro) × C (litros/ano) = D

DE AVIÃO

MILHAS VOADAS POR ANO: E

1,36 (CO_2e/milha) × E = F

ELETRICIDADE

QUILOWATT-HORA (KWh) CONSUMIDOS POR ANO: G

1,37 (CO_2e/kWh) × G = H

GÁS NATURAL

METROS CÚBICOS USADOS POR ANO: J

401,97 (CO_2e/m^3) × J = K

TOTAL DE QUILOS DE CO_2 EQUIVALENTES POR ANO

D + F + H + K = TOTAL

CALCULE SUA PEGADA

PARTICIPANTE DE PROGRAMA DE MILHAGEM	PASSAGEIRO MÉDIO	ECOCHATO	NOSSA META
80.000	15.000	3.300	0

Nota: As fórmulas desta página foram baseadas na calculadora de carbono da Bonneville Environmental Foundation no site www.b-e-f.org

5 A Ordem é Reduzir

Se cada americano perdesse 0,5 kg por ano, economizaríamos 147 milhões de litros de combustível por ano.	CUSTO	TEMPO	ESFORÇO	IMPACTO
	0	0		

Uma televisão de tela grande consome mais eletricidade do que seu refrigerador.

1 em 5

das novas residências americanas têm mais de 270 m².

O sonho americano foi superdimensionado – e temos o olho maior que a barriga. Com menos de 5% da população mundial, os EUA geram quase 1/4 dos gases do efeito estufa. Além disso, produtos típicos ao estilo de vida americano, como os carros utilitários esportivos (SUVs) e *McMansions*, espalham-se por todo o planeta.

Como consumidores, os americanos acreditam que o tamanho importa: se puderem, escolherão a porção extra grande. Isso não se limita a batatas fritas. De 1970 a 2004, o tamanho das casas americanas cresceu mais de 50%, passando de aproximadamente 140 m² para quase 220 m², mesmo com a redução de 17% no número de habitantes por residência.

A preferência pelo grande perfaz 1 milhão. A fabricação de carros grandes gera mais gases de efeito estufa, sem contar que o carrão continua a emitir poluentes até entrar no ferro velho. Automóveis e televisores duram de 10 a 15 anos. Casas podem durar 100 anos ou mais. As decisões que tomamos hoje podem afetar a poluição por gases de efeito estufa durante décadas.

A escolha de tamanhos menores quase sempre é a mais saudável para o planeta e também a mais barata. Menos tempo gasto com manutenção, despesas reduzidas, maior facilidade para estacionar e um planeta menos quente.

GRANDE *VERSUS* PEQUENO

McMANSION

O uso de energia doméstica *per capita* aumentou cerca de 8% desde 1985.

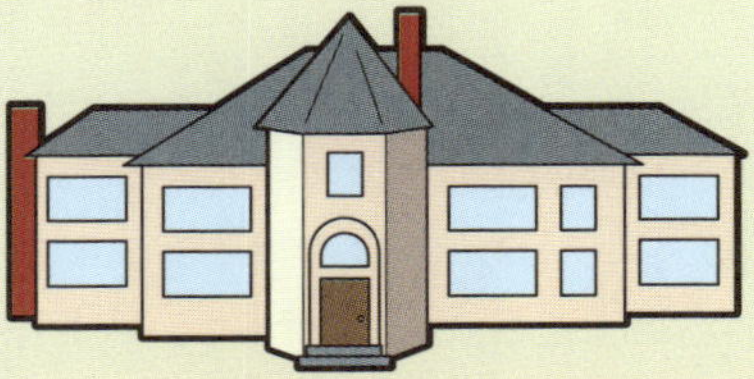

CASA MENOR

Casas de 140 a 180 m^2 consomem 40% menos energia que uma *McMansion* de mais de 370 m^2.

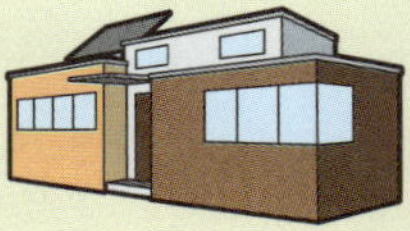

HUMMER H2

Quase 3 ton
4,7 / 5,9 km/L na cidade/estrada

CARRO PEQUENO PARA 2 PESSOAS

Menos de 730 kg
25 km/L (modelo do Reino Unido)

PLASMA

Os aparelhos de TV respondem por 4% do consumo de energia nos EUA, mas essa cifra poderia dobrar caso todos os americanos comprassem televisores com tela grande. Uma tela de plasma de 42 polegadas consome até 400 watts.

LCD

Os LCDs usam cerca de metade da energia das TVs de plasma. No entanto, com 100 watts, ou menos, é possível alimentar um antigo modelo CRT (tubo de raios catódicos).

6 Adote o Transporte Verde

Se 1 milhão de motoristas deixasse o carro em casa pelo menos um dia, 20.000 ton de emissões de CO_2 poderiam ser eliminadas.	CUSTO	TEMPO	ESFORÇO	IMPACTO
	0	5 min ou mais		

PARTIDA
Deixar o carro em marcha lenta por 10 s consome mais gasolina do que desligar e ligar o veículo.

PESO
Um carro mais pesado precisa de mais gasolina. Bastam 45 kg a mais para você queimar 2% de combustível extra. A menos que seu escritório fique em Fulljah, não vá trabalhar de Hummer. Na verdade, é melhor você nem andar de Hummer.

MOTOR
Uma simples regulagem no motor pode melhorar a eficiência, em termos de consumo, de 15 para 50%.

PNEUS
Manter a calibragem correta dos pneus traz uma economia de cerca de 1 tanque de combustível por ano. Verifique a pressão nos pneus mensalmente usando o mesmo medidor. Um pneu comum perde cerca de 0,07 kg/cm² por mês. Pneus com calibragem abaixo da recomendada perdem em desempenho de rodagem e se desgastam mais rapidamente.

ACELERADOR E FREIO

Embora possa ser divertido brincar de motorista de táxi, é melhor parar com a brincadeira de acelerar e frear de repente. A direção agressiva pode aumentar em 33% o consumo de combustível e emitir 5 vezes mais gases tóxicos do que a direção defensiva. Dirigir a uma velocidade aproximada de 88 km/h proporciona uma economia de 15% em relação a viajar a quase 105 km/h.

TETO

Retire caixas ou qualquer outro tipo de bagagem do teto do veículo e você terá um carro mais aerodinâmico e econômico. Fuja dos modelos SUV, prefira os menores e compactos.

VIDROS

Andar em altas velocidades com os vidros abertos aumenta a resistência e o consumo de combustível. Para refrescar, use a ventilação do veículo.

COMBUSTÍVEL

Descubra os restaurantes de comida caseira perto de sua casa. Você sabia que um motor a diesel pode ser movido a óleo de cozinha ou biodiesel? (Veja a tática n. 56).

Para mais informações, visite www.fueleconomy.gov/feg/drivehabits.shtml

7 Voe Certo

Se 1 milhão de passageiros decidisse abrir mão de um vôo de 5 h, 1 milhão de ton de CO_2 poderia ser eliminado.	CUSTO	TEMPO	ESFORÇO	IMPACTO
	0	nenhum		

O vôo mais eficaz em termos de consumo de combustível percorre 4.345 km.

Se você está a fim de jogar um monte de gases do efeito estufa na atmosfera rapidinho, viajar de avião é uma boa pedida.

Uma viagem de ida de Nova York para Los Angeles a bordo de um avião comercial comum torna cada passageiro responsável por 1 ton de emissões de CO_2 em apenas 6 h. Em comparação, numa Ford Explorer, você viajaria um dia e uma noite para produzir o mesmo volume de CO_2.

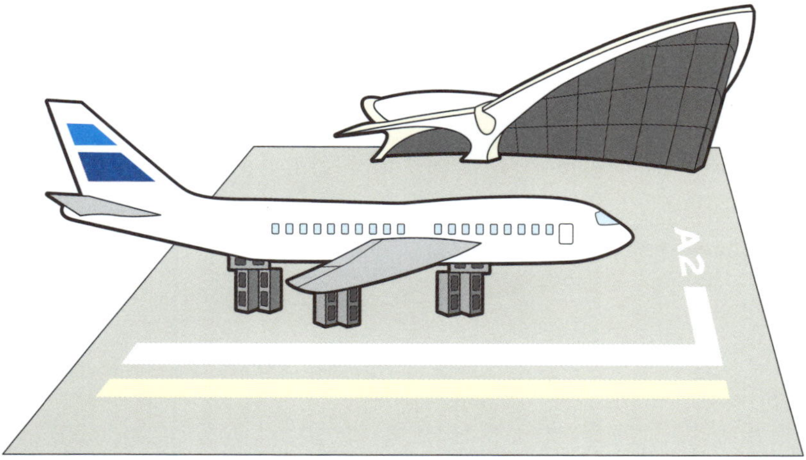

Mas o problema é ainda pior do que parece. A maior parte dessas emissões ocorre em altitudes elevadas, onde o CO_2 não prejudica mais do que no nível do solo. No entanto, o óxido nitroso e o vapor de água do escapamento do avião são, com certeza, prejudiciais. As esteiras de fumaça – aqueles simpáticos desenhos de fumaça branca no céu – prendem o calor na atmosfera com tanta eficácia quanto o CO_2 e também podem estimular a formação de nuvens cirros, que retêm calor em altitudes elevadas.

A primeira linha de defesa: voe menos. Trens, ônibus e até mesmo automóveis são mais suaves com a atmosfera. Com certeza, talvez não seja viável renegar para sempre as viagens de avião. Quais são as melhores opções?

2.500 kg
de emissões de CO_2 são liberados por cada passageiro que voa de Nova York a Tóquio.

DICAS PARA O NOVO PASSAGEIRO DE AVIÃO

Voe direto sempre que possível. As aterrissagens e decolagens são os momentos de maior consumo de combustível do vôo. A decolagem pode consumir 25% do total do combustível em vôos curtos. Se tiver de voar, faça uma longa viagem. Tente evitar vôos de 965 km ou menos.

Vá de trem. É sério (veja a tática n. 63). Especialmente em viagens curtas, em que a duração da viagem não difere muito, o trem é a melhor opção.

Voe durante o dia. Um estudo mostra que as esteiras de fumaça emitidas à noite aumentam o aquecimento.

Voe em aviões mais novos e econômicos, como os Airbus A340 e A380 ou os Boeings B787. Se a demanda aumentar, as companhias aéreas providenciarão aviões mais eficientes.

Compense suas emissões. Não dá para parar de voar? Compre créditos de carbono. (Veja a tática n. 8).

Para mais informações, visite www.nativeenergy.com/travel/

8 Compre Créditos de Carbono*

*Ou não. Nem todos os créditos de carbono são criados da mesma maneira – leia as instruções.

CUSTO	TEMPO	ESFORÇO	IMPACTO
US$5/ton de CO_2 ou mais	10 min		

A menos que você viva na floresta e nunca ande de carro nem de avião, precisará de ajuda para reduzir a zero sua pegada de carbono.

Digamos que, a despeito de todo o seu esforço, você ainda tenha de pegar um avião para assistir ao casamento de seu melhor amigo. O passeio representará 1.361 kg de CO_2 jogados na atmosfera e o deixará mortificado com a culpa de contribuir para o aquecimento global. Relaxe, você pode resolver o problema com algum dinheiro. Acesse a internet, encontre uma empresa que venda créditos de energia limpa e compre o suficiente para compensar os gases do efeito estufa, gerados por sua viagem. Isso resolve o problema? Os créditos de carbono são a saída correta? A resposta sucinta é: sim ou talvez. Depende da escolha cuidadosa dos créditos.

A questão principal é se os créditos demonstram "adicionalidade". Ou seja, será que um único projeto de energia limpa ou iniciativa de redução de emissões é realizado sem a sua contribuição financeira? Se a resposta for afirmativa, não se trata de um crédito propriamente dito.

No limite mais extremo dos créditos de carbono, é difícil garantir ou mesmo distinguir a adicionalidade. Para piorar as coisas, existe uma forte concorrência pelos créditos. Para início de conversa, existem alguns lugares: o CarbonFund, site sem fins lucrativos; a NativeEnergy, que financia projetos de energia renovável que ajudam comunidades carentes; e a CarbonNeutral Company, do Reino Unido, que tem um rigoroso protocolo documentado para o uso dos créditos.

Muitos acreditam que os créditos de carbono são como um ágio que se paga por dirigir um utilitário esportivo. Os críticos dizem que isso é abusar do sistema. Resultado: os créditos de carbono devem ser usados para compensar aquela última parcela pequena de emissão de gases do efeito estufa que você não conseguiu eliminar de outra forma. Os créditos complementam seus esforços, mas não os substituem. Seguem algumas opções de créditos comuns.

TIPOS DE CRÉDITOS DE CARBONO

PROJETOS DE ENERGIA LIMPA NO FUTURO

✓✓ Seu dinheiro é destinado ao desenvolvimento de novos projetos que criarão energia limpa – fazendas, usinas solares, instalações de biomassa que capturam metano e assim por diante.

PROJETOS DE DESENVOLVIMENTO SUSTENTÁVEL

✓✓ Seu dinheiro ajudará construções ecológicas e eficazes em termos de consumo de energia, especialmente em países em desenvolvimento, onde esse tipo de investimento é mais econômico.

INICIATIVAS PARA REDUÇÃO DAS EMISSÕES

✓✓ Seu dinheiro ajudará no lançamento de programas educativos voltados à energia limpa e a iniciativas para pressionar os governos a aprovar projetos com esse fim.

CRÉDITOS PARA OS ATUAIS PROJETOS DE ENERGIA LIMPA

✓ Seu dinheiro comprará RECs (*Renewable Energy Credits*, Créditos de Energia Renovável), também conhecidos como "etiquetas ambientais", que representam a transmissão de 1 KWh de energia renovável à grade de energia. Não existe um padrão para verificar se os RECs são adicionais.

PORTFOLIO COMBINADO DE PROJETOS DE ENERGIA LIMPA

✓ Seu dinheiro será investido em uma seleção de projetos de alta qualidade que visam minimizar o risco de que um ou outro projeto nunca saia do papel.

PROJETOS DE REFLORESTAMENTO

✗ Seu dinheiro será destinado ao reflorestamento ou à criação de novas florestas para a captura de carbono. No entanto, organizações como o Greenpeace e a Friends of the Earth criticam a prática, alegando que plantas recém-cultivadas são, na melhor das hipóteses, um "empréstimo" de carbono de curto prazo e que não reduzem o total das emissões de carbono, pois as árvores morrem e liberam o gás capturado (veja a tática n. 39). Contudo, o reflorestamento é uma iniciativa complexa e as avaliações quanto à sua eficácia continuam em andamento.

Para mais informacões, visite www.carbonfund.org, www.nativeenergy.com, ou www.carbonneutral.com

9 Imagine

No futuro, milhões de vidas serão afetadas pelo aquecimento global. Como isso mudará essas vidas depende de você e das pessoas ao seu redor.

CUSTO	TEMPO	ESFORÇO	IMPACTO
0	1 h		

Sabemos que o aumento da temperatura no mundo é uma grande ameaça ao planeta. Mas será que podemos prever como será esse mundo mais quente nos próximos 50 anos? Nós nem sequer conseguimos prever as chuvas da semana que vem.

Um método de ver o futuro é por meio de cenários – situações hipotéticas cuidadosamente inventadas para que possamos imaginar vários desfechos diferentes. A Shell Oil criou cenários famosos em que os futuristas previram, em linhas gerais, a crise de energia no início dos anos 1970. O objetivo do planejamento de cenários não é prever corretamente o futuro, o que seria uma idiotice, mas exercitar a imaginação para estarmos prontos para enfrentar a realidade que está por vir.

A Millennium Ecosystem Assessment (Avaliação dos Ecossistemas do Milênio) das Nações Unidas pediu para mais de mil economistas e cientistas examinar como os sistemas naturais estão reagindo a desafios como a mudança climática. Mais de cem desses especialistas concentraram-se em cenários futuros, imaginando caminhos diferentes que poderíamos seguir e como o planeta responderia.

Há muito o que ler sobre planejamento de cenários, mas nada substitui as simulações. Por que não juntar idéias e experiências de seus amigos? Recriem o planejamento da ONU em uma "festa de cenários" e imaginem o próprio futuro de vocês ou adaptem os cenários aqui apresentados à região onde vivem. Se você e seus amigos não tiverem absolutamente nada de novo a dizer sobre o tema e se você tiver esgotado seu repertório de charadas é porque chegou a hora de soltar a imaginação.

QUATRO VISÕES DO FUTURO

ORQUESTRAÇÃO GLOBAL Economias de larga escala impulsionam o futuro, criando soluções prósperas para os problemas ambientais: "instituições supranacionais estão bem posicionadas para tratar dos problemas ambientais globais, como a mudança climática e as áreas de pesca", mas sua abordagem reativa "as torna vulneráveis a surpresas".

ORDEM QUE VEM DA FORÇA Viveremos em um mundo fragmentado, focado na segurança e na proteção, onde as pessoas "verão o ambiente como algo secundário em relação a seus outros desafios". Esse futuro pode prometer segurança, mas os especialistas o consideram "insustentável e, em última análise, desastroso".

MOSAICO ADAPTÁVEL A política e a economia atuam nos níveis local e regional, sendo que algumas regiões têm um desempenho melhor que o de outras. A princípio, as pessoas ignoram os desafios globais, mas os êxitos locais gradativamente evoluem para soluções mais amplas. Ainda assim, "as surpresas ambientais globais tornaram-se comuns".

TECNOGARDEN Um mundo conectado pela tecnologia ambiental, tanto em pequena quanto em larga escala. O TecnoGarden é um "mundo conectado em âmbito global, com fortes bases tecnológicas e ecossistemas altamente controlados e muitas vezes planejados".

Para mais informações, visite www.maweb.org e www.altfutures.com

Se cada televisor vendido nos Estados Unidos em um ano estivesse dentro dos padrões de eficiência energética, o efeito seria equivalente à remoção de 4,08 bilhões de kg de poluição do ar.

10 Acabe com os Fantasmas

Se 1 milhão de residências reduzisse pela metade sua carga de energia fantasma, 150.000 ton de CO_2 por ano seriam eliminados.	CUSTO	TEMPO	ESFORÇO	IMPACTO
	0	2 min		

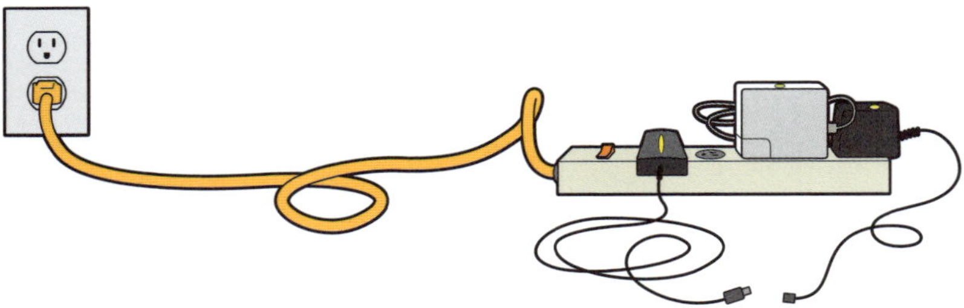

$$$

Compre aparelhos com o selo de eficiência energética sempre que possível (veja a tática n. 58). Você reduzirá a carga de energia fantasma em 50%. O selo está na maioria das lâmpadas, em aparelhos elétricos, de escritório e até mesmo em edifícios.

Desligue o plugue

Estima-se que apenas 5% da energia consumida por carregadores de telefones celulares seja efetivamente gasta para carregar os aparelhos. Portanto, os 95% restantes são desperdiçados quando você deixa o carregador conectado à tomada.

Você talvez acredite que ao desligar um aparelho ele ficará, de fato, desligado. Mas a maioria dos eletrodomésticos contém um relógio, um temporizador digital, um controle remoto ou o modo *stand-by*...

Mesmo quando você não está usando o aparelho, ele continua a consumir energia, conhecida como eletricidade fantasma ou energia do vampiro (um nome mais sugestivo devido ao desperdício de energia e dinheiro que suga nossa alma). A carga de energia fantasma nos países industrializados responde por 75 milhões de ton de emissões de CO_2 e bilhões de dólares gastos por ano.

TUDO BEM, ENTÃO O QUE DEVO FAZER? Conecte tantos cabos quantos permitidos a um benjamim e desligue-o da tomada quando não estiver usando os respectivos aparelhos. Nos Estados Unidos, só os aparelhos de TV e DVD desperdiçam US$ 1 bilhão em eletricidade ao ano.

Para mais informações, visite www.energystar.gov

11 Pague Suas Contas *On-line*

Se cada lar americano recebesse e pagasse suas contas *on-line*, as emissões anuais de gases do efeito estufa teriam uma redução de 2,1 milhões de ton.	CUSTO	TEMPO	ESFORÇO	IMPACTO
	0	5 min		

Algumas pessoas acham que pagar contas é um relax. Assinar cheques, ir ao banco, pegar filas...

Chegou a hora de esquecer esse método arcaico e entrar no mundo moderno dos pagamentos *on-line*. Analise suas contas deste mês. É bem provável que elas possam ser pagas via internet. Essas transações poupam os recursos financeiros das empresas que, de outro modo, gastariam com papel, impressão e correio.

Esse é o ponto de vista da empresa. Para você, é uma questão de salvar o mundo para as gerações futuras. O custo em combustível e CO_2 de uma conta é irrisório, mas a soma de cada uma por habitante do planeta perfaz um milhão. Segundo estimativas, se cada lar americano consultasse e pagasse suas contas *on-line*, pouparíamos $8,5 \times 10^9$ kWh de energia e reduziríamos mais de 771 milhões de kg de lixo por ano.

Você pode organizar seus pagamentos pessoais nos sites das respectivas empresas ou centralizar o processo configurando sua conta no serviço de internet banking da instituição da qual você é correntista. Talvez o banco cobre alguma taxa pelo serviço, mas a maioria das empresas de serviços públicos não faz isso.

Se puder, coloque suas contas em débito automático. Você deixará de contribuir com a emissão de poluentes produzida a cada ida ao banco.

405.000

árvores são derrubadas anualmente para fabricar o papel necessário para enviar todas as contas de telefone dos Estados Unidos.

Para mais informações, visite www.electronicpayments.org

12 Dê uma Festa

20 milhões de americanos comemoraram o primeiro Dia da Terra em 1970, e 200 milhões de pessoas no mundo marcaram o dia em 1990.	CUSTO	TEMPO	ESFORÇO	IMPACTO
	0 ou variável	2 h ou mais		

Na verdade, existem dois Dias da Terra. O popular é comemorado no dia 22 de abril. O outro é celebrado pelas Nações Unidas a cada março em homenagem ao equinócio vernal.

Às vezes, a melhor maneira de conscientizar os outros é propor um brinde e quem é mais digno de um brinde que o nosso velho e vulnerável planeta?

DIA DA TERRA O primeiro Dia da Terra, comemorado em 22 de abril de 1970, ficou conhecido como o *nascimento do ambientalismo* nos Estados Unidos. As atividades incluíam desde o plantio de árvores e despoluição de rios até *rallies*.

DIA MUNDIAL DA FAXINA Na terceira semana de setembro, junte-se aos 35 milhões de pessoas em 120 países na campanha de embelezamento do planeta. Inscreva-se em www.cleanuptheworld.org.

DIA MUNDIAL DO CARRO NA GARAGEM No dia 22 de setembro, deixe seu carro em casa. Peça para a empresa de tráfego de sua cidade interditar temporariamente sua rua e faça um piquenique no capô de seu carro. (Visite www.worldcarfree.net)

Para mais informações, visite www.earthday.net

13 Casamento Verde

Se 1 milhão de casais reduzisse pela metade o custo da cerimônia de casamento, eliminaríamos 7,25 milhões de ton de lixo.	CUSTO	TEMPO	ESFORÇO	IMPACTO
	variável	até que a morte os separe...		

Além dos bêbados, dos parentes inconvenientes e do(a) ex, existe mais uma coisa a evitar em seu casamento: as emissões de carbono.

Não se estresse se não conseguir zerar as emissões de CO_2 resultantes de seu casamento. Seu objetivo é fazer do seu dia mágico um momento ainda mais significativo e não salvar o mundo com uma cerimônia nupcial.

ALIANÇAS O setor de mineração consome muita energia. Minimize o problema escolhendo alianças em antiquários ou um belo par moderno feito com ouro reciclado. (Dê uma olhada no site wwww.greenkarat.com)

RSVP Dispense os cartões de confirmação de presença e reduza em 1/4 a quantidade de papel. Respostas por e-mail, por telefone ou em um site personalizado facilitam o controle das presenças confirmadas.

LOCAL Reduza o volume de emissões. Escolha um local de fácil acesso para a maioria dos convidados. O transporte solidário para o evento também pode ser uma oportunidade de entrosamento para convidados descompromissados.

Em vez de grãos de arroz para seus convidados atirarem no casal na saída da igreja, dê a eles sementes de flores silvestres.
Compre as flores da cerimônia de um fornecedor local.
Como lembrança, será que alguém reclamaria de ganhar lâmpadas fluorescentes compactas?

14 More em um Lar Verde

Se 1 milhão de pessoas trocasse o refrigerador por um modelo com o selo de eficiência energética , eliminaríamos 556.000 ton de emissões de CO_2 por ano.	CUSTO	TEMPO	ESFORÇO	IMPACTO
	US$ 20 ou mais	variável		

O típico lar americano gera o dobro de CO_2 que um automóvel ao longo de um ano: cerca de 9.980 kg. Algumas adaptações farão com que sua casa e o planeta respirem com mais facilidade e representarão uma economia significativa em seu orçamento doméstico. Uma casa supereficiente pode reduzir suas contas e as emissões de poluentes em 65%.

Automatize

Um termostato programável manterá sua casa na temperatura correta o dia todo, 365 dias por ano. A cada 1°C reduzido em seu termostato no inverno, você terá uma economia de 4% em suas contas mensais e diminuirá as emissões no mesmo percentual. Não se esqueça de vestir um agasalho.

JANELAS

Uma das adaptações domésticas mais eficazes é a troca das janelas. Modelos de painel duplo com uma camada de *low-e*, que bloqueiam o calor e os raios ultravioletas, podem reduzir o consumo de energia em 20 a 30%. Uma boa vedação resistente ao clima ao redor das janelas é essencial.

ISOLAMENTO

É possível melhorar o isolamento de sua residência. Procure opções com alto "valor R", quanto mais alto o R, maior a resistência ao fluxo de calor. Entre as opções ecológicas estão celulose injetada, sarja reciclada e espumas como *Icynene*.

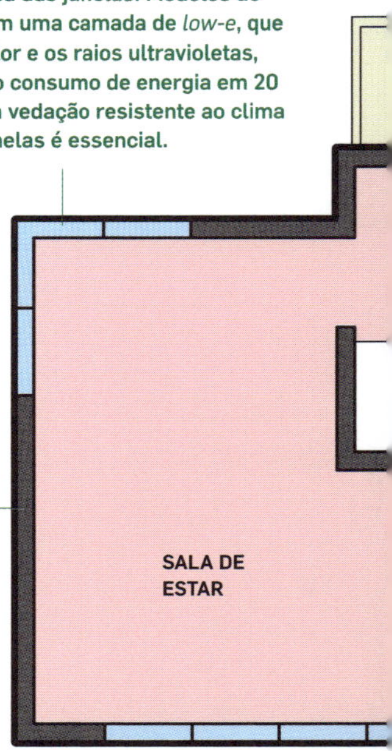

QUINTAL

Plantas e árvores bem colocadas proporcionam sombra e bloqueiam os ventos. Reduzindo o consumo de energia pelo ar condicionado e pelo aquecedor, você fará uma economia de 10 a 15% em suas contas. Além disso, cada árvore absorverá 1 ton de CO_2 ao longo da vida.

ELETRODOMÉSTICOS
Você vai tirar essa questão de letra. Basta procurar o selo de eficiência energética em aparelhos de ar condicionado, eletrônicos, refrigeradores e lavadoras. Leves e econômicos, esses produtos compensam a diferença que você economizaria ao comprar equivalentes mais baratos, mas que gastaria nas contas de luz em virtude do alto consumo de energia.

AQUECEDOR DE ÁGUA
Embrulhar o velho aquecedor de água em um cobertor pode reduzir as emissões de CO_2 em quase 227 kg ao ano. Você pode adquirir kits para esse tipo de isolamento por menos de US$ 20.

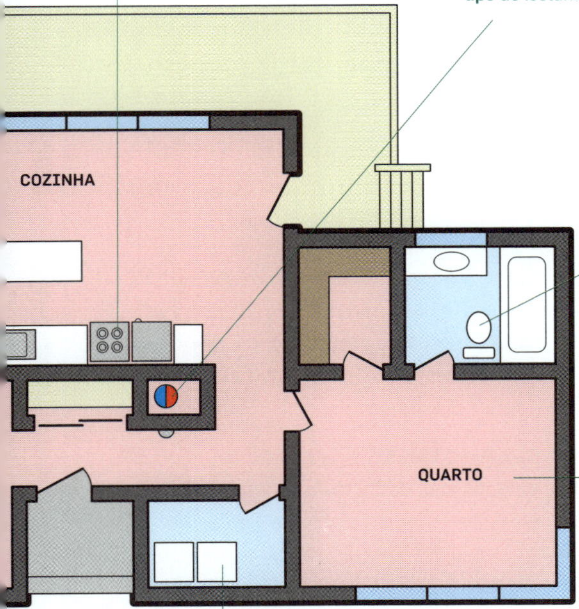

BANHEIRO
Se você realmente quer provar que virou um cidadão verde, seja o primeiro na vizinhança a instalar um banheiro com tecnologia de compostagem.

PISOS
Considere a colocação de pisos de madeira, linóleo natural, cortiça, bambu ou mesmo de terra batida. Cada um desses materiais traz benefícios ambientais dos ingredientes totalmente naturais do linóleo aos materiais preservados, caso a sua opção seja um piso de terra batida.

LAVANDERIA
Poupe até 300 kg de CO_2 secando roupas ao ar livre durante seis meses ao ano.

15 Adote a Vermicompostagem

Se 1 milhão de pessoas criasse minhocas, em um ano 82.000 ton de resíduos alimentares se transformariam em fertilizante.	CUSTO	TEMPO	ESFORÇO	IMPACTO
	US$ 38/kg	5 min/ semana		

É verdade que o processo orgânico de compostagem produz CO_2, mas, sem o uso desse método, os mesmos resíduos acabariam em um aterro sanitário, o que seria 23 vezes pior para a atmosfera.

Por que adotar a compostagem?

Seu jardim vai amar. A compostagem melhora o crescimento das plantas e das raízes, ajuda o solo a manter a umidade e previne doenças em plantas.

Não subestime a minhoquinha, ela é um dos melhores recicladores naturais. Dê às minhocas famintas acesso ao lixo vegetal de sua cozinha e logo, pelo processo de vermicompostagem, seu lixo se transformará em um fertilizante não poluente, rico em nutrientes, que fará florescer seu jardim orgânico.

A compostagem de minhocas *Eisenia fetida* reduz os resíduos que iriam para aterros sanitários e ajuda a manter o metano fora da atmosfera, convertendo seu lixo orgânico em um produto benéfico ao meio ambiente e dando um lar às minhocas.

No processo de consumo de lixo como casca de ovo, borra de café, cascas de frutas e vegetais e folhas de chá, as minhocas agregam micronutrientes, magnésio e carbonato de cálcio à matéria orgânica que passa pelo aparelho digestivo desses animais. O resultado final é conhecido como húmus de minhoca ou vermicomposto, que consiste em um excelente fertilizante para jardins ou plantas domésticas.

Eisenia fetida, a minhoca mais utilizada na vermicompostagem, também é conhecida como minhoca-vermelha-da-Califórnia.

VERMICOMPOSTAGEM EM CINCO ETAPAS FÁCEIS

ETAPA 1: MONTE A SUA PRÓPRIA CAIXA DE MINHOCAS Você precisará de cerca de 0,20 m² de área para cada kg de resíduo que sua residência produz por semana. As caixas mais simples são feitas de plástico ou madeira, com profundidade entre 50 e 75 cm, tampa articulada e orifícios no fundo para drenagem.

ETAPA 2: FORRE O FUNDO Use jornal picado ou compre um forro feito de fibra de coco.

ETAPA 3: COLOQUE AS MINHOCAS Você precisará de 0,5 kg de minhocas para cada 0,20 m² de área. Pesquise na internet onde é possível encontrar minhocas ou compre-as em uma loja perto de sua casa.

ETAPA 4: ACRESCENTE O LIXO Minhocas amam matéria vegetal, cozida ou crua: é só enterrar os resíduos no forro. Alimente-as diária ou semanalmente, elas não têm muita noção de tempo. Não misture carne, ossos, gordura nem laticínios.

ETAPA 5: COLHA O HÚMUS A cada 3 ou 6 meses, basta mover o húmus para um lado da caixa e colocar um forro novo. Misture o húmus – os jardineiros costumam chamá-lo de "ouro negro" – à terra em vasos para potencializá-la ou use apenas como fertilizante. Aproveite o ciclo da vida!

Um por um

Como as minhocas consomem o equivalente ao seu próprio peso diariamente, 3 kg de minhoca consumirão 3 kg de resíduos vegetais por dia. Mas fique atento: 3 kg equivalem a 6.000 minhocas.

16 Escolha sua Energia

Mil geradores de vento de 1,5 MW eliminariam 2,7 milhões de ton de CO_2 por ano.	CUSTO	TEMPO	ESFORÇO	IMPACTO
	US$ 0,03/kWh ou mais	15 min		

Pergunte antes: talvez as empresas de serviços públicos ofereçam apenas algumas dessas alternativas. Existe alguma opção de energia verde disponível? Certifique-se de que eles sabem que você tem interesse nesse serviço.

Seu *PlayStation* não quer nem saber se está sendo movido a carvão do Wyoming ou a energia solar dos arredores de Las Vegas. Mas você, como um bom consumidor consciente e de espírito livre, merece estabelecer parceria com um provedor de energia que traga à tona o seu lado mais ecológico.

Nos EUA, mais de 600 provedores de serviços públicos oferecem a oportunidade de obter energia verde por meio de geradores de vento, biomassa e gás natural. Opções semelhantes estão disponíveis no Canadá, na Austrália e em grande parte da Europa. Veja os detalhes na sua conta de luz ou no site do provedor desse serviço.

ENERGIA FOTOVÁLTICA (TAMBÉM CONHECIDA COMO ENERGIA SOLAR)	
O QUE É	Luz solar convertida em eletricidade
POTENCIAL	Os custos caem conforme a eficiência aumenta; pode responder por 16% da eletricidade do mundo até 2040
LIMITES	Custo. Não é possível aproveitar o sol 24 h.
RESTRIÇÃO DE CO_2	Neutro em carbono entre 3 e 4 anos

ELETRICIDADE TERMOSSOLAR	
O QUE É	Espelhos focam o calor do Sol para mover um gerador
POTENCIAL	O aproveitamento de 1% do Sol que incide sobre o Deserto do Saara atenderia às necessidades globais de eletricidade
LIMITES	Funciona melhor nos trópicos
RESTRIÇÃO DE CO_2	Neutro em carbono em menos de um ano

ENERGIA EÓLICA	
O QUE É	Moinhos de vento realmente grandes
POTENCIAL	20% do vento disponível seria o suficiente para satisfazer a demanda de energia global
LIMITES	Impacto na paisagem, nem todos os locais são adequados
RESTRIÇÃO DE CO_2	Neutro em carbono em menos de um ano

ENERGIA GEOTÉRMICA	
O QUE É	Captação do calor interno da Terra
POTENCIAL	25% da eletricidade do Havaí é geotérmica
LIMITES	Nem todos os locais são adequados
RESTRIÇÃO DE CO_2	Melhor retorno sobre o investimento de energia

ENERGIA HIDRELÉTRICA	
O QUE É	Água corrente gira uma turbina
POTENCIAL	Nos EUA, a capacidade hídrica poderia aumentar em 50%
LIMITES	Os principais locais já estão ocupados
RESTRIÇÃO DE CO_2	Usinas bem instaladas quase não produzem emissões

BIOMASSA	
O QUE É	O gás dos resíduos vegetais e de aterros sanitários abastece geradores
POTENCIAL	Biorrefinarias também poderiam produzir combustíveis e produtos químicos
LIMITES	Pode exigir plantio para geração de energia
RESTRIÇÃO DE CO_2	Perto do ponto neutro: o CO_2 emitido é absorvido do ar

CARVÃO COM SEQÜESTRO DE CARBONO	
O QUE É	As emissões de CO_2 seqüestradas na terra ou nos oceanos
POTENCIAL	Capaz de capturar de 80 a 90% das emissões de CO_2 de uma usina de carvão
LIMITES	As áreas de armazenamento de CO_2 são finitas
RESTRIÇÃO DE CO_2	Poderia responder por 15 a 55% das reduções necessárias para estabilização da atmosfera até 2100

GÁS NATURAL	
O QUE É	Combustível fóssil que fornece energia para os geradores
POTENCIAL	O combustível fóssil mais puro disponível
LIMITES	Finito e não renovável
RESTRIÇÃO DE CO_2	Produz metade do CO_2 de uma usina movida a carvão comum

17 Converse com Seus Filhos

Era uma vez, 1 milhão de pais que inspiraram 1 milhão de filhos a enxergar o meio ambiente de um jeito novo e cheio de esperança.	CUSTO	TEMPO	ESFORÇO	IMPACTO
	0	20 min		

1 em 7
crianças britânicas culpam os pais, pelo menos em parte, pelo aquecimento global.

Você deve estar chocado por ter de usar sandálias de dedos e shorts em pleno inverno, de ver imensos blocos de gelo do tamanho do estado americano de Delaware separarem-se das massas do continente Antártico, de ver sua cidade natal se transformar na próxima cidade perdida de Atlanta.

O problema é que as crianças aprendem imitando, inclusive o modo como você fica apavorado. Se você vive preocupado, como conseguirá manter o otimismo de seus filhos quanto ao futuro?

Não comece a abastecer um *bunker* nem obrigue seus filhos a usar uniformes Hazmat[1]. Veja algumas boas sugestões para ajudá-los a lidar com seus medos em relação ao aquecimento global.

[1] N.T.: Hazmat - *Hazardous materials* (materiais perigosos). Um traje completo projetado para proteger o usuário de materiais perigosos.

COMO TRANSMITIR AOS JOVENS OS FATOS CONCRETOS SOBRE A MUDANÇA CLIMÁTICA

FILTRE Dê aos seus filhos o que os psicólogos chamam de "informações tranqüilas, inequívocas, porém limitadas". Filtre o modo como eles recebem as informações, pelo menos em sua casa. Imagens alarmantes e discursos retóricos são inevitáveis, mas não devem bombardear as crianças diariamente.

INCENTIVE SEU FILHO A COMPARTILHAR SEUS MEDOS Ouvir ajuda muito – as crianças precisam de sua atenção e de seu apoio. Os filhos mais velhos farão mais perguntas e demonstrarão um certo cinismo, mas se sentirão bem ao serem ouvidos.

CONTEXTUALIZE AS NOTÍCIAS Com tantos comentaristas falando de maneira alarmista ou desdenhosa sobre a mudança climática, é importante conversar sobre a coexistência de pontos de vista diversos e contraditórios.

SEJA MODERADO; NÃO SE TORNE OBSESSIVO Por mais que seja assustadora, a crise climática caminha mais lentamente que os perigos da pré-adolescência – os briguentos da escola, o dever de casa, entre outros.

SEJA OTIMISTA Destaque tudo aquilo com que seus filhos não precisam se preocupar.

ENCONTRE MANEIRAS DE COMO SEU FILHO PODE AJUDAR A dedicação de tempo, esforço e idéias dará às crianças (e aos pais) um senso de controle, em especial quando se trata de algo tangível (como plantar uma árvore). Você está preparando as crianças de maneira construtiva com uma abordagem para toda a vida.

SEJA ATIVO Brinque de pega-pega, empine uma pipa, ande de bicicleta. Não fixe sua mente no apocalipse, e deixe as endorfinas fluírem. Afinal, eles são crianças!

Para mais informações, visite www.epa.gov/climatechange/kids

18 Diga Não ao Isopor

Se 1 milhão de pessoas reduzisse em 10% o lixo que produz, eliminaríamos 600.000 ton de CO_2 da atmosfera por ano.	CUSTO	TEMPO	ESFORÇO	IMPACTO
	0	1 min		

25 bilhões de copos de isopor são jogados fora por ano nos EUA.

Tudo bem que ele mantém seu café quente, mas mil anos depois do último gole, o copo descartável vazio continuará a existir.

Não deveria ser nenhum esforço fenomenal convencer as pessoas a dizer não ao isopor, mas tem tanto isopor por aí! Somos tão viciados em isopor quanto em petróleo. Na verdade, são necessários 3,2 g de combustível fóssil para fabricar um único copo de café de isopor. Os EUA fabricam cerca de 3 milhões de ton do material por ano, grande parte do qual acaba nos lixões.

O desafio não se limita aos copos de café e aos flocos usados em embalagens: quando se trata de empacotar, adoramos exageros de todas as formas e tamanhos. Seja um brinquedo, um aparelho de DVD, uma placa de memória envolta em plástico-bolha, adoramos caixas grandes. Mas chegou a hora de dizer não a todo tipo de desperdício. Reduzir o lixo gerado por embalagens em 10% pode poupar à atmosfera cerca de 544 kg de CO_2 por ano.

COMO COMBATER O EXAGERO NAS EMBALAGENS

DEIXE A EMBALAGEM NA LOJA Desembrulhe o produto na loja e entregue a indesejável montanha de plástico e papel ao gerente. Esse gesto transmitirá aos varejistas o recado de que devem acabar com o desperdício.

FAÇA SEUS PRÓPRIOS BLOCOS DE PROTEÇÃO Ao embrulhar suas próprias caixas, estoure milho em uma pipoqueira a ar e proteja itens frágeis em suas embalagens. O destinatário poderá espalhar o milho no quintal para alimentar os pássaros.

RECICLE Embora o isopor seja difícil de reciclar, a maioria dos outros plásticos não é. Comparada à matéria virgem, a reciclagem de 1 ton de plástico poupa 3.113 L de petróleo.

TENHA TALHERES E GUARDANAPOS PERTO DA MESA DE TRABALHO Ao pedir seu almoço no escritório, dispense talheres e guardanapos descartáveis.

DÊ UM FEEDBACK POSITIVO Elogie as empresas que adotaram embalagens menores, biodegradáveis e recicláveis.

Para encontrar empresas que reciclam isopor, visite www.epspackaging.org/info.html

19 Anuncie Objetos que Você não Quer Mais

	CUSTO	TEMPO	ESFORÇO	IMPACTO
1 milhão de tijolos de barro incorpora energia equivalente a 42.600 L de gasolina. Troque-os por itens de seu interesse!	0	15 min		

Como você lidará basicamente com estranhos, use o bom senso. Provavelmente, 99,9% das pessoas que entrarão em contato são cidadãos interessantes, responsáveis, com consciência ambiental e preocupados como você. Mas se achar que está lidando com o 0,1% restante, recuse educadamente o negócio ou opte por marcar o encontro em um local público. Certifique-se de receber adiantado.

Como o que não serve para uma pessoa é de utilidade para outra, faça o seguinte: anuncie os itens que não quer mais na internet.

O que não lhe serve mais ocupará menos espaço nos lixões da cidade, você economizará algum dinheiro (a quantia exata depende de sua generosidade, charme e poder de barganha) e terminará com um senso maior de comunidade. Além disso, talvez você ganhe um novo amigo como parte da barganha. Afinal, você e esse completo estranho têm algo especial em comum: afeição – a sua em declínio e a do comprador em ascensão – por aquele velho busto de cerâmica de Tom Selleck.

Por ser livre, a internet é o melhor lugar para relacionar itens antigos, quer para trocar sua coleção de percevejos de bronze por um CD no eBay, quer para vender a poltrona florida de sua avó ("que precisa de uma boa reforma no estofado") em troca de algum dinheiro no Craigslist. Os mercados *on-line* são excelentes para criar vínculos instantâneos entre compradores e vendedores, bem como para aproximar pessoas com intenções de troca compatíveis. O Craigslist, por exemplo, tem uma sessão (chamada *free*)

em que os usuários enumeram itens gratuitos. Os interessados podem escolher o que quiserem e então são encaminhados para um site mais recente, o www.freecycle.org, no qual também podem colocar avisos de "itens procurados", solicitando artigos que gostariam de receber gratuitamente. Onde mais você pode pedir coisas de graça a estranhos e efetivamente ganhar o que deseja?

US$ 5.000 a US$ 7.000

é a quantia média que uma família americana gasta no primeiro ano de vida de um bebê. No país, o montante anual soma cerca de US$ 15 bilhões com itens de maternidade e para bebês.

Aqui, o maior objetivo é economizar energia. Cada item do varejo que você adquire já tem o respectivo custo de energia – e de CO_2 produzido – no plantio, na mineração, na transformação, na fabricação e no transporte. Essa energia não é recuperável. Ou seja, será totalmente perdida, a menos que o item seja reaproveitado (para maximizar o retorno sobre o investimento de energia), reutilizado como algo diferente (também conhecido como "novo uso para o item") ou reciclado (para um retorno mais baixo). Cada vez mais economistas e ambientalistas defendem a criação de um imposto para refletir o custo ambiental da fabricação e descarte de um produto a fim de incentivar o reaproveitamento.

Sites como o www.clothingswap.org podem ajudar a manter o guarda-roupa sob controle. Ninguém deve comprar roupas para usar por menos de três meses – em resumo, roupas de bebês, crianças e de moda. Visite o site www.swapstyle.com para explorar os itens de sua comunidade – não só saias e blusas, mas cosméticos e bolsas também. Com o lucro, você pode vasculhar um leilão de roupas e artigos para bebês no eBay e oferecê-los no Craigslist quando não servirem mais para seus filhos. Você nunca mais perderá um dia no shopping center.

Para mais informações, visite www.newdream.org/consumer/recycle.php

20 Vista um Suéter

Se 1 milhão de pessoas vestisse suéteres, o ex-presidente Jimmy Carter ficaria muito feliz.

CUSTO	TEMPO	ESFORÇO	IMPACTO
0	5 min		

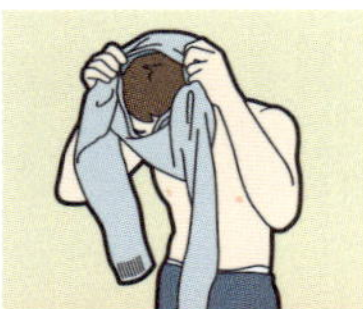

PASSO 1

Coloque a cabeça na abertura da blusa. Tome cuidado, pois se enfiar a cabeça acidentalmente pela manga, poderá se machucar.

PASSO 2

Cuidado com afazeres de última hora. Você não poderá usar as mãos pelos próximos segundos.

PASSO 3

Vá devagar. Movimentos rápidos podem resultar em acúmulo de energia estática. Use o nariz ou os dentes como guia e controle a velocidade.

PASSO 4

Como o seu diafragma é a principal fonte de perda de calor, mantenha-o sempre coberto. Não se esqueça de abotoar as calças. Você está ótimo!

Perdemos 90% do calor do corpo através da pele, principalmente pela cabeça. Portanto, se continuar com frio, coloque um chapéu ou um cachecol.

Os benefícios sociais de se agasalhar são evidentes – mostrar fama, riqueza, esconder os pneus da região do abdome –, mas e quanto às questões ambientais?

Quando você veste um suéter em locais fechados e reduz o termostato em 2°C, pode economizar até 4% na conta de luz e evitar a entrada de quase 227 kg de CO_2 na atmosfera ao longo de um ano. As possibilidades são limitadas, mas somente pelo número de suéteres que você pode comprar ou pegar emprestado ou, ainda, por sua tolerância à restrição dos movimentos. Cuidado: é difícil vestir mais de uma blusa quando se usa gola olímpica.

Para mais informações, visite www.doityourself.com/stry/thermostats

21 Trabalhe em Casa

Se 1 milhão de pessoas trabalhasse em casa em período integral, eliminaríamos 3 milhões de ton de CO_2 ao ano.	CUSTO	TEMPO	ESFORÇO	IMPACTO
	0	8 h/dia		

2 semanas seriam poupadas a cada ano se você eliminasse os 40 min que gasta para ir e vir do trabalho diariamente.

Nos EUA, nove entre dez pessoas vão de carro para o trabalho, em trajetos médios de 25 min e essa proporção não pára de subir. É uma enorme perda de tempo e de gasolina que se transforma em emissões de CO_2.

Por que não trabalhar em casa? Você economizaria tempo e dinheiro, aumentaria a produtividade e reduziria o volume de emissão de poluentes.

Trabalhar em casa está em alta – nos EUA, a modalidade cresce cerca de 7,5% ao ano. Funcionários que trabalham em casa reduzem o índice de absenteísmo, poupam às empresas custos com imóveis e nunca comem as sobras do almoço que você deixou na geladeira do escritório.

Não pense que você vai tirar o dia para cochilar: é preciso organização para manter o foco no trabalho. É fundamental planejar o dia como se estivesse no escritório, com objetivos específicos e um intervalo para o almoço. Fique longe da TV, das tarefas domésticas e não caia na tentação de ficar ligando para os amigos nem se perca com outras distrações. Você está estabelecendo um exemplo de coragem, não aproveitando para colocar seus e-mails em dia!

Para mais informações, visite www.2work-at-home.com

22 Inspecione seu Lixo

Se 1 milhão de pessoas reciclasse metais, vidros e jornais, as emissões de CO_2 seriam reduzidas em 211.000 ton.	CUSTO	TEMPO	ESFORÇO	IMPACTO
	0	1 h ou mais		

$$$

A extração de metais consome entre 7 e 10% da energia produzida no mundo.

Eles não ensinam isso na Receita Federal, mas uma das melhores maneiras de entender o balanço ambiental é fazer uma investigação em sua lata de lixo. Tudo o que você joga fora tem um custo de carbono, mas os detalhes mais confusos costumam ficar ocultos.

É preciso analisar o lixo todo junto, em plena luz do dia, para entender seus excessos. Sim, é nojento, mas não é diferente do que a metade das coisas que você assiste na TV. Portanto, pegue uma balança e leve o lixo para fora.

COMO ASSUMIR O CONTROLE DE SEU LIXO

REÚNA os materiais: seu lixo, algumas roupas velhas, um pedaço de lona, luvas espessas de borracha (pense na biossegurança), cerca de seis caixas de papelão, uma balança, lápis, papel e calculadora. Procure uma área coberta para evitar que o vento carregue alguma coisa.

JOGUE o lixo sobre a lona e classifique-o em papel e papelão, resíduos do jardim, restos de comida, plásticos, metais, vidros e outros. Um terço provavelmente estará na categoria dos papéis, enquanto sobras de comida e plásticos corresponderão ao restante. Somente as latas de metal e os resíduos do jardim são reciclados na maioria das vezes.

JUNTE o lixo de seu carro, o da garagem e os restos de comida e bebida do trabalho.

TABULE OS RESULTADOS Use uma balança e suas aptidões de estimativa para atribuir números ao seu lixo. Pese o lixo de um dia. Multiplique o resultado por 365. Acrescente uma estimativa de lixo sazonal – papel de presente, resíduos de jardim, enfeites de Natal, do Dia das Bruxas – e some o total. O americano típico gera 662 kg de lixo por ano.

PONTOS EXTRAS Multiplique sua contagem por 30 para contabilizar o lixo que não está na lata. Os consumidores americanos jogam fora 245,7 milhões de ton de lixo, mas a indústria gera a impressionante cifra de 7,6 bilhões de ton por ano.

PLANEJE o futuro analisando cada item do seu lixo. Em primeiro lugar, será que você precisava disso? Você usou tudo até o fim antes de jogar fora? Lembre-se de que os itens reciclados consomem menos energia na transformação em produtos acabados. Pense no que você pode fazer para melhorar os índices de consumo e reciclagem e coloque suas idéias em prática!

As pessoas descartam coisas assustadoras – garrafas quebradas, seringas, comida podre – portanto, não tente fazer essa investigação em outro lugar que não seja no lixo de sua própria casa.

43,5 bilhões
de kg de comida – mais de 25% dos alimentos nos EUA – vão para o lixo a cada ano.

O volume de alumínio não reciclado nos EUA equivale a US$ 800 milhões por ano.

Para mais informações, visite www.metrokc.gov/dnrp/swd/ecoconsumer/calculator.asp

23 Recicle seu PC

Se 1 milhão de pessoas reutilizasse ou atualizasse o computador, pouparíamos 265.000 ton de combustíveis fósseis.	CUSTO	TEMPO	ESFORÇO	IMPACTO
	0	1 h ou mais		

$$$

Um telefone celular tem 14% de seu peso em cobre. Também contém ouro, prata e o equivalente a um centavo em platina. Esses são metais nobres; então, não jogue fora seu antigo aparelho celular. Algumas lojas de telefones costumam comprar as carcaças recicláveis.

Quando o assunto é consumo elevado de energia, os suspeitos habituais são óbvios e fáceis de enumerar: carros, refrigeradores, lâmpadas incandescentes. Mas existe uma discreta Mata Hari ambiental. Trata-se de um objeto liso, pequeno e que não tem escapamento: o computador.

Como a Dinamarca, *edamame* e sapatos marrons, os computadores parecem ecologicamente corretos, mas são verdadeiros agressores furtivos em emissões de CO_2, e de maneiras que você nem imagina. O problema não está na tomada: o consumo de energia responde por apenas 1/5 do encargo de energia que um computador gera ao longo da vida útil. O restante vem da enorme quantidade de combustível – geralmente carvão – queimada para alimentar sua produção. Seu prático *laptop* consome cerca de cinco vezes mais energia que o carro ou o refrigerador. A produção de um microchip de 2 g cria 2.000 vezes esse volume de CO_2.

Não precisa sair correndo para comprar um ábaco. Os PCs chegaram para ficar e permitem muitas outras práticas ecologicamente corretas como *freecycling*[1]. e o trabalho em casa (veja as táticas n. 19 e 21). Além disso, os computadores tornam a vida moderna suportável – onde mais, além do Google, poderíamos procurar nossos ex... hum... amigos?

Como a fabricação de microchips usa tanta energia – e por causa da intensa mistura de produtos químicos e metais pesados usada nos PCs – é importante pensar duas vezes antes de jogar sua máquina velha no lixo e comprar uma nova.

1,8 bilhão
de kg de lixo eletrônico vai para os aterros a cada ano. Somente cerca de 10% dos computadores são reciclados.

[1] N.T.: *Freecycling* é a prática de doar itens usáveis, porém desnecessários, ao invés de jogá-los no lixo.

O QUE FAZER COM SEU PC ANTIGO

ATUALIZAR É uma boa escolha, em especial se tudo o que você precisa é de um pouco mais de memória ou de um processador mais veloz.

REUTILIZAR Dê o seu PC a alguém: para um amigo ou instituição de caridade. Não se esqueça de apagar os dados, mas tente encontrar os softwares e as licenças originais. Talvez você possa abater sua doação do imposto de renda.

RECICLAR Fabricantes como Apple, Dell, HP e Sony, entre outros, cuidam da reciclagem quando você compra uma máquina nova e inclusive salvam o que podem do equipamento recebido. Para computadores mais antigos e sem marca, verifique junto ao governo local onde há postos de reciclagem e depósitos de aparelhos eletrônicos. Tente descobrir que fim levam os PCs – alguns grupos inescrupulosos simplesmente enviam as máquinas antigas para serem enterradas na China.

24 Convença um Cético

Se 1 milhão de pessoas convencesse seus amigos e estes convencessem mais 1 milhão de amigos, que convencessem mais 1 milhão de amigos...	CUSTO	TEMPO	ESFORÇO	IMPACTO
	0	1 h ou mais		

Cético

Resposta

Este não é um assunto fácil, mas não se intimide. Antes de tudo, não é preciso tentar convencer um cético "profissional" em aquecimento global. Estes cientistas de aluguel são mantidos em dispendiosas plataformas petrolíferas no Golfo do México, onde os executivos das empresas de energia costumam lhes oferecer perfumes exóticos e frutas raras como brindes.

Na prática, a maioria dos céticos é formada por pessoas que você conhece bem e até mesmo seus próprios familiares. A boa nova é que é fácil dissuadi-los de suas objeções, conforme mostraremos aqui.

Seja paciente, ouça com atenção para entender o ponto de vista deles e – acima de tudo – lembre-se de que você está absolutamente certo.

Aquecimento global?! Nem os cientistas chegam a um acordo quanto à existência disso ou de quais seriam as conseqüências.

Quase todos os estudos e organizações científicas confiáveis concluem que a Terra está se aquecendo e que os elevados níveis de CO_2 afetam as temperaturas globais.

As tais "provas" são resultantes de programas de computador e projeções hipotéticas. Não há evidências no mundo real de uma mudança climática em andamento.

Os cientistas meteorológicos têm mantido registros precisos da temperatura na superfície nos últimos 150 anos e essas informações mostram definitivamente que a Terra está ficando mais quente – uma conclusão corroborada pelos dados colhidos dos núcleos de gelo, satélites e balões-sonda.

Então como os lençóis de gelo da Antártica e da Groenlândia estão ficando maiores? Se existe esse tal de aquecimento global, esses lençóis estariam encolhendo.

Na verdade, de um modo geral, os lençóis de gelo estão encolhendo. Na Groenlândia, há uma perda de mais de 200 km^3 de gelo por ano. A quantidade de gelo em determinadas áreas pode estar aumentando, mas isso ocorre porque o aquecimento global leva a um umedecimento e a precipitação extra congela e se transforma em gelo onde cai. O aspecto mais importante: o aquecimento global é uma mudança nos padrões do clima ao longo de várias décadas, não um processo que se dá da noite para o dia.

Tudo bem, mas se o aquecimento global leva a invernos mais amenos, melhoras na agricultura e férias de verão mais longas, por que devemos combatê-lo? O fenômeno não parece algo ruim.

Elevação do nível do mar, ciclones mais fortes e secas mais freqüentes não parecem boas novas para mim. A preocupação real é com que velocidade acontece a mudança climática. Alterações rápidas não dão às espécies (inclusive ao *Homo sapiens*) o tempo de adaptação necessário e não estamos apenas levando a Terra às temperaturas mais altas de toda a história da humanidade – estamos na mudança climática mais acelerada de todos os tempos.

Mas o dióxido de carbono é um gás que ocorre naturalmente. O ser humano talvez não tenha nada a ver com o aumento.

Também já ouvi essa alegação. Na verdade, li em um anúncio patrocinado por uma indústria petrolífera que dizia: "dióxido de carbono: eles chamam de poluição, nós chamamos de vida". A cada ano, a queima de combustíveis fósseis resulta em mais de 24 bilhões de ton de emissões de CO_2 no mundo todo. Os níveis de CO_2 são mais altos hoje do que em qualquer outro momento nos últimos 650 mil anos.

Mesmo se o aquecimento global fosse real, não poderíamos detê-lo sem arruinar a economia e eliminar milhões de empregos.

A reciclagem já consiste em uma indústria que movimenta US$ 50 bilhões ao ano e, em uma década, a energia solar deverá gerar US$ 69 bilhões ao ano. Há inúmeras oportunidades para ganhar dinheiro ao mesmo tempo em que se reduz a emissão de CO_2. A Revolução Industrial nos trouxe até aqui; não há razão para uma Revolução Ecológica não nos tirar dessa.

25 Transforme seu Local de Trabalho em um Escritório Verde

Se 1 milhão de pessoas não deixassem o computador do escritório ligado a noite toda, eliminaríamos até 45.000 ton de CO_2 ao ano.	CUSTO	TEMPO	ESFORÇO	IMPACTO
	0	15 min		

COMPUTADOR
O futuro chegou: faça uma teleconferência com aquela *webcam* instalada em seu computador. O cancelamento de uma reunião do outro lado do país significa 1 ton a menos de CO_2 na atmosfera.

PLANTAS
Plantas domésticas podem ajudar a remover toxinas do ar em ambientes fechados. Algumas são eficazes na remoção do monóxido de carbono (gravatinhas e lírios da paz); outras neutralizam o formaldeído comumente encontrado em adesivos e móveis (fícus e aloe vera).

GALINHAS
Elas comem os restos de almoços e festas no escritório – reduzindo os percursos aos lixões e a liberação de metano. Galos podem perturbar se você entra logo cedo no escritório. (Brincadeirinha!)

PAPEL
Entre na onda *paperless* (sem uso de papel). Como os arquivos PDF e os e-mails foram criados para exibição na tela, mantenha-os no computador. O papel responde por 1/3 de todo o lixo, portanto, não se esqueça de reciclá-lo. A reciclagem de 1 ton de papel do escritório economiza cerca de 6 ton de CO_2 que seriam emitidas sem o reaproveitamento do papel.

ENERGIA

Alguns computadores são conhecidos como devoradores de energia. Configure seu PC para hibernar após alguns minutos de inatividade e ative as definições de economia de energia. Desse modo, sua empresa poupará o equivalente a US$ 100 ao ano. Por fim, desligue a máquina ao sair do escritório – o protetor de tela usa tanta energia quanto as planilhas ou o jogo Quake 3.

GRAMPOS

Economizaríamos 120 ton de aço ao ano (e toda a energia necessária para fabricá-lo) se um funcionário de cada escritório no Reino Unido usasse um grampo a menos por dia. Melhor ainda: grampeadores sem grampos. Viva o poder da fricção!

LUZES

Você nasceu em um celeiro? Apague as luzes! Temporizadores e sensores de movimento ajudam a manter o baixo consumo de energia em um escritório grande.

JANELAS

Se houver janelas manipuláveis em seu escritório, faça uso delas. Abrir a janela permite a entrada de ar fresco e reduz o uso do ar condicionado.

CANECA

Leve uma caneca para o trabalho. Fuja dos copos de isopor e de plástico e das garrafas de água. Por ano, 2,7 milhões de ton de plástico são usados para engarrafar água e mais de 86% dessas garrafas acabam nos aterros sanitários.

BICICLETA

Vá de bicicleta para o trabalho e veja com seu chefe se é possível reservar um local seguro na empresa para guardá-la.

Para mais informações, visite www.environmentaldefense.org/papercalculator

26 Adote uma Geleira

Se todo o lençol de gelo e as geleiras da Groenlândia derretessem, haveria uma elevação de 7 m no nível do mar.	CUSTO	TEMPO	ESFORÇO	IMPACTO
	0	30 min		

Encare o problema das geleiras como uma questão pessoal adotando uma delas. Nos próximos anos, você ficará emocionado ao ver que a geleira adotada cresceu e sobreviveu ou, o que é mais provável, encolheu e definhou.

As opções de geleiras são deslumbrantes, pelo menos por enquanto. Das calotas polares às mais poderosas cadeias de montanhas, a Terra é listrada de azul e branco com gelo desde a Antigüidade. Será que sua geleira conseguiria reter a neve do Monte Kilimanjaro, cuja extinção está prevista para até 2020, ou de uma das 26 homônimas do Parque Nacional das Geleiras de Montana, cuja neve também deverá desaparecer até 2030?

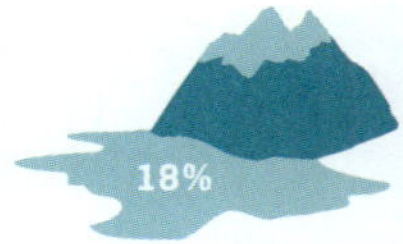

As geleiras dos Alpes suíços encolheram 18% entre 1985 e 2000.

As geleiras são como canários na mina de carvão do aquecimento global, pois atuam como medidores delicados do que está acontecendo com nossa atmosfera. E elas estão se quebrando, derretendo e escoando para os oceanos em um ritmo alarmante – 90% da massa glacial da Antártida está diminuindo enquanto você lê este livro. A retração glacial no mundo é uma ameaça à crise climática, elevando o nível do mar com a água derretida e absorvendo o calor do Sol para dentro do oceano, onde outrora as brilhantes superfícies glaciais o desviavam.

Um bom lugar para começar a procurar sua nova amiga gelada é a coleção de fotos do National Snow and Ice Center, no site www.nsidc.org/data/g00472.html. Demonstre o carinho que você tem pela geleira adotada colocando uma foto dela em local de destaque e vendo anualmente as fotos atualizadas pela internet. O acompanhamento de sua geleira será um processo gradual. Comece com o Google Earth ou outro site de imagens geradas por satélite, mesmo sabendo que esses sites não são atualizados a cada ano. A U.S. Geological Survey e outras organizações científicas devem fornecer informações mais precisas.

O objetivo desta tática é tornar o problema uma questão pessoal. Mantenha-se informado sobre sua nova filha adotiva. Especialistas em geleiras tratam-nas com afeição, como se os enormes blocos fossem imensos animais que rastejam, procriam e cavam. Mergulhe no assunto, inclua palavras como seracs (muros de gelo), morainas, ogivas e fendas de geleiras em seu vocabulário.

Geleiras em retração: Furtwängler, Kilimanjaro, Tanzânia; Athabasca, Montanhas Rochosas, Canadá; Valdez, Montanhas Chugach, Alasca; Qori Kalis, Andes, Peru.

Para mais informações, visite www.nsidc.org

27 Abasteça sua Adega

1 milhão de uvas produzirá cerca de 1.600 garrafas de vinho.	CUSTO	TEMPO	ESFORÇO	IMPACTO
	US$ 10 ou mais	15 min		

As regiões mais frias de cultivo de uvas talvez se beneficiem com o aquecimento global: nos próximos anos, dê preferência aos vinhos procedentes da Inglaterra, Canadá e Suécia.

Adeus, Napa!

Por volta de 2100, talvez seja praticamente impossível explorar todas as regiões produtoras de vinho da Califórnia.

As uvas são sensíveis a pequenas variações de temperatura. Nossas variedades favoritas florescem somente dentro de estreitas faixas de temperatura e têm sabores específicos de acordo com o solo, a luz solar e a água.

Na verdade, o aumento das temperaturas já está provocando mudanças, fazendo com que as colheitas sejam antecipadas, aumentando o teor alcoólico dos vinhos e, no caso das *pinot noirs* do Oregon, promovendo uma década de colheitas de classe internacional. Contudo, à medida que o aquecimento global se acentua, as clássicas regiões de vinhedos da Toscana, de Bordeaux e até mesmo de Napa talvez se tornem quentes demais para o plantio de uvas nobres. Analisemos as regiões que, no futuro, serão produtoras de vinhos: imagine um Québec Syrah, um Albertan Cava ou um Cape Cod Zin – desde que essas regiões não estejam submersas.

Para mais informações, visite www.liveinc.org

28 Plante seu Próprio Tomate

1 milhão de tomates plantados em sua horta produzirão cerca de 400 mil porções de molho marinara.	CUSTO	TEMPO	ESFORÇO	IMPACTO
	US$ 25 ou mais	durante o verão		

Antes de experimentar um tomate maduro colhido em sua própria horta, talvez seja difícil imaginar que plantar os alimentos que você vai consumir é o caminho para o futuro.

Plantar tomates não significa apenas deixar de percorrer quilômetros para adquiri-los – sem falar no dinheiro que você gasta em produtos alimentícios –, significa também readquirir o contato com a terra. É impossível permanecer insensível enquanto se administra um ciclo de vida na horta de sua própria casa (pode ser no peitoril da janela ou em um canteiro no terraço de seu prédio). A terra ajuda o tomate, o tomate ajuda o ser humano, o ser humano ajuda a Terra – é assim que o ciclo deve funcionar. Além disso, o sabor é inacreditável.

	COMPRADOS NO SUPERMERCADO	PLANTADOS EM SUA HORTA
DISTÂNCIA DE TRANSPORTE	Cerca de 2,4 km do produtor à sua mesa	6-50 passos
ORIGEM	Nos EUA: Flórida (inverno), Califórnia (jun-nov), México, Israel. Os comercializados no Reino Unido são provenientes da Espanha, das Ilhas Canárias, da Holanda e de outros países europeus, do Marrocos.	Um vaso com cerca de 15 cm de diâmetro no peitoril da janela, no jardim, no terraço do prédio ou em um pedaço de terra. Os tomates podem ser cultivados praticamente em qualquer lugar.
GOSTO	Praticamente sem gosto. Cultivados para que fiquem firmes e tenham boa rentabilidade, os frutos são colhidos verdes, amadurecidos com o uso de gás etileno e refrigerados para embarque (você não deve nunca guardar os tomates na geladeira). Nos EUA, 81% das variedades de tomate desapareceram no século passado.	Maravilhoso! Tente cultivar tomate do tipo holandês e caqui ao ar livre e o tomate cereja e similares em áreas cobertas durante os meses de inverno.

29 Calcule suas *Food Miles*

Se 1 milhão de pessoas passasse a usar alimentos produzidos no local onde vivem, 625.000 ton de CO_2 deixariam de ser geradas todos os anos.	CUSTO	TEMPO	ESFORÇO	IMPACTO
	0	5 min		

Food mile é a distância que os alimentos percorrem entre o local de produção e o ponto de consumo.

Você pode imaginar que pesadelo seria se toda vez que você ficasse com fome precisasse viajar até o outro lado do planeta antes de sentar para fazer uma refeição?

Por mais absurdo que possa parecer, não nos importamos com o fato de que grande parte dos alimentos que consumimos tenha de fazer esse mesmo trajeto para chegar até nós. Do produtor à sua mesa, uma refeição comum percorre cerca de 1.500 mil km. Cada ingrediente – carne, peixe, legumes e verduras, temperos, ovos, leite, frutas, grãos – é transportado por terra ou pelo ar do produtor até o local de venda, queimando combustível. Acrescente os gases do efeito estufa gerados pela produção e distribuição de fertilizantes, antibióticos, pesticidas e coisas do gênero – sem falar na destruição que provocam no meio ambiente –, além do papel, do plástico e do alumínio usados nas embalagens, bem como seu descarte, e você terá um panorama geral.

Por que os alimentos que você consome deveriam acumular uma milhagem maior que a sua? Por que não adquiri-los perto de sua casa? Faça um acompanhamento de suas *food miles* e procure reduzi-las. Um "locavore" [1] não come nada que tenha sido cultivado a mais de 170 km de distância de sua mesa. Um verdadeiro *locavore* não usa nem mesmo um prato fabricado a mais de 170 km de distância. Portanto, antes de comprar o próximo saco de laranjas no meio do inverno, considere a possibilidade de adquiri-lo mais perto de sua casa.

[1] N.T.: *Locavore* é um termo introduzido por ocasião do Dia do Meio Ambiente, em 2005, para descrever e promover a prática de seguir uma dieta constituída de alimentos colhidos dentro de uma área com um raio de aproximadamente 170 km.

RAZÕES PARA REDUZIR SUAS *FOOD MILES*

Proporcionar aos agricultores da região e às economias rurais uma chance de disputar o mercado.

A agricultura em larga escala depende de combustíveis fósseis, esgota o solo e polui os cursos d'água.

No caso de alimentos produzidos em grande escala, nada mais importa a não ser o lucro, a uniformidade e a capacidade de fazer frente à colheita industrial.

Os alimentos transportados por longos períodos perdem vitaminas e ganham materiais contaminadores.

Os sistemas de produção dispersos deixam os alimentos vulneráveis ao agroterrorismo.

É mais fácil evitar salmonela, e. *coli* e outros tipos de contaminação.

Alimentos mais saborosos!

4.817 km

Uma alface proveniente da Califórnia e consumida em Nova York consome 40 vezes seu valor calórico em combustível fóssil para que seja produzida e embarcada.

1.591 km

A produção de cerca de 38 L de suco de laranja na Flórida exige quase 4 L de óleo diesel e cerca de 833 L de água para irrigação, processamento e transporte para os estados do Norte.

6.345 km

Custa o equivalente a 11.150 kcal de energia para que um abacaxi de aproximadamente 900 g produzido no Havaí seja transportado de avião para Des Moines.

35.404 km

Uma refeição convencional gera de 4 a 17 vezes mais emissões de gases do efeito estufa do que uma refeição produzida localmente.

30 Prestigie a Quitanda da Esquina

A produção de 1 milhão de calorias em alimentos exige cerca de 3 milhões de kcal em energia fóssil.	CUSTO	TEMPO	ESFORÇO	IMPACTO
	US$ 2/kg	20 min	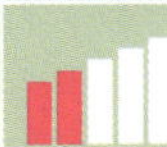	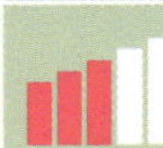

Nos EUA, a agricultura é responsável por 7% das emissões anuais de gases do efeito estufa.

De uns anos para cá, os agricultores parecem estar em extinção. Embora as crianças ainda cresçam divertindo-se com tratores de brinquedo e assistindo desenhos animados na televisão sobre criações de animais domésticos, as pequenas e calmas fazendas – com pastagens verdejantes, celeiros vermelhos, galinhas cacarejantes – parecem estar desaparecendo.

Acontece que nossos agricultores locais são importantes na luta contra o aquecimento global, não relíquias do passado. Os mercados agricultor-consumidor estão eliminando os intermediários do setor de alimentos – bem como as emissões criadas pelas necessidades dos setores de embalagem, armazenagem, transportes e produtos químicos exigidos pela produção agrícola em grande escala. Para aqueles que lutam contra o aquecimento global, o elemento mais pernicioso é o combustível fóssil: a agricultura em larga escala depende não só de equipamentos e transportes de alto consumo de combustível, como também de fertilizantes à base de nitrogênio derivados de gás natural.

Os produtores vendem seus produtos nos mercados agrícolas ao redor do mundo – desde verduras, legumes e frutas orgânicas a carnes, conservas e queijos feitos em casa – diretamente ao mercado consumidor. Ainda mais convenientes são os programas de agricultura comunitária que, semanalmente, fornecem a produção direto da fazenda. Você adquire alimentos mais frescos e o agricultor conquista um cliente firme e regular.

Comprar diretamente do produtor não só leva os alimentos à sua mesa com a menor emissão possível de carbono, como também dá apoio às economias rurais e as fortalece, protege a biodiversidade e promove a sustentabilidade da Terra. Além disso, ensina às crianças que morangos não crescem em recipientes de plástico nos grandes supermercados.

Agricultura orgânica e aquecimento global

Um estudo recente baseado em dados coletados ao longo de 23 anos demonstrou que o solo cultivado organicamente funciona como um poderoso dissipador de carbono, aumentando os níveis de carbono no solo entre 15 e 28%. Isso pode ser traduzido em 1.600 kg de CO_2 capturados por 1.233,48 m^3 de solo orgânico por ano. Em outras palavras, 100 mil fazendas orgânicas eliminarão a emissão anual de CO_2 equivalente ao volume de CO_2 gerado por quase 12 milhões de carros. Métodos agrícolas industriais não dissipam um único metro cúbico de carbono.

Para mais informações, visite www.localharvest.org/csa

31 Coma mais Legumes e Verduras

1 milhão de vacas dão origem a cerca de 220 ton de metano por dia.	CUSTO	TEMPO	ESFORÇO	IMPACTO
	US$ 2/kg	20 min		

Não seja proprietário de uma vaca. E seja o primeiro entre seus vizinhos a diminuir o consumo de carne.

Soja faz bem à saúde

A produção de 0,5 kg de carne exige oito vezes mais energia do que 0,5 kg de proteínas vegetais, como o tofu.

Relaxe. Não se trata de comer repolho; trata-se da *única maneira eficaz* de reduzir sua pegada de carbono: recusar-se a consumir carne.

Teste rápido: o que acrescenta uma quantidade maior de gases do efeito estufa à nossa atmosfera: transportes motorizados ou a criação de rebanhos? Surpresa! É a criação de rebanhos, que contribui com 18% das emissões totais. Os gases originados por rebanhos bovinos são ainda piores, sob o ponto de vista do aquecimento global, do que o CO_2. A fermentação intestinal – o processo digestivo dos ruminantes – produz flatulência, um gás também conhecido como metano, enquanto o estrume libera óxido nitroso. Uma quantidade ainda maior de emissões é originada pelos efeitos colaterais: a destruição de florestas para o plantio de pastagens, os fertilizantes usados nas plantações e a energia para operar indústrias de embalagem de carnes.

Um relatório das Nações Unidas publicado em 2006, "Livestock's Long Shadow", considera o setor de criação de gado "um dos dois ou três mais significativos colaboradores" para o aquecimento global. Apenas 1/3 das proteínas de que necessitamos são obtidas da carne, mas cerca de 1/3 de nosso planeta é dedicado à criação de rebanhos bovinos. A boa notícia: o relatório conclui que o potencial do setor de criação de gado bovino para o resfriamento global é igualmente vasto se abandonarmos o hábito de comer carne.

ESTATÍSTICAS NORTE-AMERICANAS RELATIVAS A REBANHOS

SUPERFÍCIE RURAL

45%

de toda a superfície rural é usada para atividades agrícolas

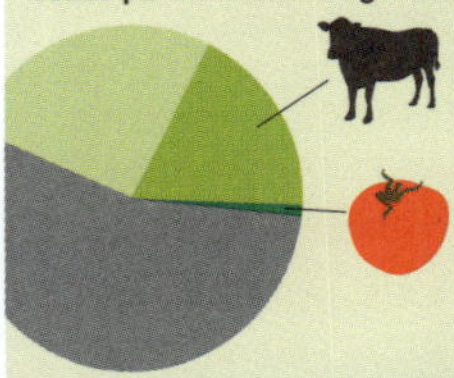

26%

de toda a superfície rural é usada para pastagens

45%

de toda a superfície rural é usada para o cultivo de frutas, legumes e verduras

ESTRUME

300 kg

de excrementos são produzidos pelos americanos por segundo

39.000 kg

de excrementos são produzidos pelos rebanhos americanos por segundo

REBANHOS E CONSUMO

7:1

é a proporção entre os rebanhos e o consumo humano de grãos

ENERGIA

940 kcal

estão presentes em um pedaço de carne de vaca de cerca de 350 g

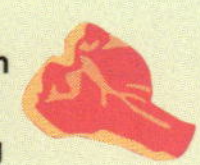

32.900 kcal

de energia fóssil são necessárias para produzir um pedaço de carne de vaca de cerca de 350 g

32 Perca-se na Natureza

Se 1,3 milhão de pessoas visitassem um parque nacional norte-americano em um dia do mês de julho, apenas ultrapassariam o número médio de visitantes nessa época do ano.

CUSTO	TEMPO	ESFORÇO	IMPACTO
0	2 h ou mais		

Ao Ar Livre

Estudos demonstram que crianças que brincam regularmente ao ar livre ficam doentes com menos freqüência e mostram melhor coordenação, equilíbrio e agilidade.

Lembre-se do que você está tentando preservar: a natureza.

Na Amazônia brasileira, ainda restam cerca de 26 milhões de km² de florestas tropicais inexploradas. Cerca de 1/4 da superfície da Terra é constituído de montanhas esperando para serem escaladas. Existem cerca de 965.580 km de litoral – grande parte destes intacta – e milhões de quilômetros quadrados de deslumbrantes desertos esperando para serem atravessados. O Grand Canyon continua a tirar o fôlego de muitos visitantes.

Ao embrenhar-se na natureza, você tem um reencontro consigo mesmo. O azul – do céu e das águas! – e também os verdes são maravilhosos. Alguns se encantam com os tons violeta, amarelos e marrons. O mesmo é válido para os vermelhos e laranjas. Ah, e sinta os perfumes da natureza...

Existe um mundo maravilhoso lá fora. Hank Thoreau sentiu-se compelido a escrever sobre ele. Ansel Adams, a fotografá-lo. John Denver fez a apologia desse mundo maravilhoso em suas músicas. Sim, os shows da natureza são incríveis em alta definição, mas não há nada no mundo que se compare ao espetáculo ao vivo. Levante-se do sofá e deleite-se com a natureza.

Um bom motivo para amar a natureza: ela é um dos melhores dissipadores de carbono que existem. Segundo a Nasa, as florestas dos EUA, da Europa e da Rússia impediram a produção de mais de 700 milhões de ton métricas de carbono por ano durante as décadas de 1980 e 1990.

FORMAS DE ENTRAR NOVAMENTE EM CONTATO COM O MUNDO EXTERIOR

APRECIE UM ALVORECER Não precisa ficar de olhos arregalados.

FAÇA UMA EXPEDIÇÃO A UMA FLORESTA Preste atenção aos ruídos sob seus pés. (Reze para não ser um saco de batatas fritas!)

ESCALE UM VULCÃO Verifique antes se ele está inativo e se não exige o sacrifício de sua vida.

CONTEMPLE UM GRANDE CAMPO ABERTO Principalmente logo depois de uma nevada. Simplesmente aprecie o cenário. E deixe os ouvidos atentos.

DÊ UM MERGULHO Ou faça uma longa caminhada.

FIQUE DESCALÇO E caminhe sobre a grama.

Para mais informações, visite www.nps.gov

33 Aproveite a Energia Solar

Se 1 milhão de residências passasse a usar energia solar, seria possível reduzir as emissões anuais de CO_2 em cerca de 4,3 milhões de ton.	CUSTO	TEMPO	ESFORÇO	IMPACTO
	US$ 20.000 ou mais	10 h ou mais		

Se você pensa que o uso da energia solar é muito complicado ou muito dispendioso, provavelmente vive sob uma rocha. Na verdade, a menos que você realmente viva sob uma rocha, existem inúmeras formas de acrescentar um pouco de energia solar à sua vida sem sobrecarregar seu cérebro ou onerar sua conta bancária.

O Japão já instalou maior número de painéis fotovoltaicos do que qualquer outro país.

Quando os moradores de Portola Valley, Califórnia, perto do campus da Universidade de Stanford em Palo Alto, assistiram ao filme do Al Gore, *Uma Verdade Inconveniente*[1], decidiram que havia chegado a hora de começar a usar energia solar. Mas em vez de comprarem e instalarem painéis fotovoltaicos (PVs) individuais em seus telhados, uniram-se e conseguiram um desconto substancial de cerca de 30%. Hoje, os proprietários de 78 residências na região têm energia solar suficiente para cobrir cerca de 90% de suas necessidades anuais de eletricidade. Isso não representa apenas uma redução significativa da dependência de combustíveis fósseis, mas também uma diminuição expressiva nas contas de luz – e uma economia de centenas de milhares de dólares todos os anos. As residências ainda estão conectadas à rede de energia elétrica, o que significa que suas luzes e computadores não deixarão de funcionar durante um chuvosa semana de verão. Mas, no restante do tempo, as casas serão supridas basicamente pela energia solar.

O presidente da associação de proprietários de residências de Portola Valley criou um programa coletivo de energia junto a uma empresa de energia solar da região, a Solar City, que atualmente oferece programas semelhantes para outras cidades da Califórnia e tem planos para implementação de programas desse tipo em outros estados em 2008.

O preço dos sistemas solares está ficando mais acessível, embora a instalação de um conjunto de painéis para telhados ainda custe milhares de dólares. A próxima geração de PVs colocará células de geração de energia em filmes, que poderão ser então embutidos em todos os tipos de materiais flexíveis. Em pouco tempo, a energia solar poderá ser embutida em quase todos os materiais, de telhas e janelas a tetos de veículos, com quantidades ínfimas de energia solar distribuindo eletricidade produzida a partir de combustíveis fósseis.

Está previsto que, por volta de 2010, os custos da energia solar deverão se equiparar aos do carvão – prepare seu telhado.

Um sistema fotováltico que produz 150 kWh/mês – cerca de 1/6 do consumo habitual de uma residência americana – evita a emissão de 136 kg de CO_2, e poupa 68 kg de carvão e 397 L de água.

[1] N.E.: A edição brasileira do livro, com o mesmo título, foi lançada pela Editora Manole.

Escassez de energia

Existem dois bilhões de pessoas no mundo que não têm acesso a nenhum tipo de energia, e outro bilhão que conta exclusivamente com baterias para fornecimento de energia e com velas e querosene para iluminação. Desse modo, as condições do comércio e da educação são precárias. A energia solar é um dos meios mais fáceis e seguros de fornecer energia ao terço da população mundial que não tem acesso à rede.

Para mais informações, visite www.thesietch.org/projects.htm

34 Fique Atento à Linha de Frente

Em 2005, a camada de gelo do Ártico estava reduzida a cerca de 5,2 milhões de km², e por volta de 2040, poderá ter desaparecido.	CUSTO	TEMPO	ESFORÇO	IMPACTO
	0	30 min		

As últimas informações sobre os corais

Se não controlarmos as emissões de CO_2, por volta de 2050, 97% da Grande Barreira de Corais passará por um processo contínuo de branqueamento. O ReefTemp, utilizado pelo governo australiano, fornece atualizações diárias sobre a descoloração dos corais pelo Google Earth.

Mesmo sem se dar conta do último pico de calor – um aumento de 0,18°C ao longo da última década – você poderá sentir seus efeitos.

As mudanças climáticas ocorrem a um ritmo muito gradual para que possamos sentir a diferença entre um dia e outro, mas isso não significa que não possamos monitorar os principais indicadores do aquecimento global.

Em todo o mundo, as paisagens já estão se deteriorando, e entre essa primeira onda de perdas encontram-se muitas das maravilhas mais apreciadas. Fique de olho nesses frágeis cantos da Terra para acompanhar o avanço das mudanças climáticas.

O gigante do grupo, a Grande Barreira de Corais da Austrália, já sofreu abalos em função do impacto causado pelas mudanças climáticas. Os mais de 400 tipos de corais da barreira estão gravemente ameaçados. Um aumento de apenas 0,6°C na temperatura pode expulsar dos recifes as algas das quais os corais dependem, provocar a descoloração dos corais e matar parte deles. Em 2002, um "evento de branqueamento em massa", o pior da história, afetou no mínimo 60% dos recifes.

Fique de olho nestes locais

1 **Nova Orleans** O furacão Katrina foi a primeira grande batalha – obviamente perdida – dos EUA contra o aquecimento global.

2 **Ártico Canadense** Cerca de 14% do carbono do planeta está incrustado no *permafrost* (tipo de solo encontrado na região do Ártico). À medida que o solo congelado derrete, grandes quantidades de CO_2 e metano são liberadas, contribuindo para aumentar o aquecimento global.

3 **Veneza** Existe alguma cidade mais sujeita a inundações do que *La Serenissima*, invadida por turistas todos os verões e pelas águas da lagoa mais de trinta vezes por ano?

4 **Parque Nacional de Komodo** O único *habitat* selvagem dos dragões de Komodo vem ocupando lugar nas manchetes em razão das mudanças climáticas. Suas tartarugas marinhas e recifes de coral também serão devastados.

5 **Reserva da Biosfera do Rio Plátano, Honduras** Todos os crimes cometidos contra as florestas tropicais que se possa imaginar – árvores preciosas cortadas para produção de madeira, animais raros caçados e a introdução de novas espécies – estão causando a devastação do ecossistema da região.

6 **Sundarbans** Essas ilhas são a pátria dos maiores manguezais do mundo: 75% das árvores poderiam ser destruídas se o nível do mar aumentasse apenas 50 cm.

7 **Parque Nacional do Kilimanjaro** Nessa região, as geleiras têm no mínimo 10 mil anos, mas só no último século perderam 80% de sua área.

8 **Cadeia do Himalaia** Nessa região, as geleiras, que fornecem até 75% das águas de verão, estão apresentando uma retração de mais de 15 m a cada ano.

9 **Amazonas** À medida que o rio Amazonas se aquecer nos próximos 50 anos, até 60% da floresta amazônica poderá se transformar em savana. O corte desenfreado de árvores só piora a situação.

10 **Lençol de Gelo da Groenlândia** O lençol de gelo da maior ilha do planeta está desaparecendo a um ritmo duas vezes mais rápido do que há cinco anos.

11 **Grande Barreira de Corais**

Descubra o que o governo australiano está fazendo para proteger a Grande Barreira de Corais visitando www.gbrmpa.gov.au.

Veja as últimas notícias sobre o tema em www.cmar.csiro.au/remotesensing/gbrmpa/ReefTemp_application.htm

35 Ande de Bicicleta

Se 1 milhão de pessoas deixassem o carro em casa e percorressem 11,5 km de bicicleta uma vez por semana, as emissões de CO_2 seriam reduzidas em cerca de 100.000 ton ao ano.	CUSTO	TEMPO	ESFORÇO	IMPACTO
	US$ 50 ou mais	30 min		

Em Copenhague, 33% das pessoas usam a bicicleta como meio de transporte para ir trabalhar. Talvez não seja coincidência que uma recente pesquisa classificou a Dinamarca como o "mais feliz" entre 178 países.

10,45 bilhões de litros de gasolina são desperdiçados todos os anos pelos americanos parados em congestionamentos de trânsito.

Cerca de 1/4 das emissões de carbono originam-se dos escapamentos dos veículos. Mesmo se cada motorista de um SUV amanhã mudasse para um Toyota Prius, nossos carros continuariam a ser a principal causa do aquecimento global.

A natureza não vai esperar até que todas as nossas concessionárias recebam seu primeiro lote de veículos ultraleves, movidos a hidrogênio, com emissão zero de poluentes. Felizmente, temos a solução desse problema a nosso alcance desde que tínhamos oito anos de idade: a bicicleta.

Grande parte de nossos percursos de carro poderia ser tranqüilamente feita de bicicleta. Na Califórnia, por exemplo, o clima ameno torna o ciclismo possível durante grande parte do ano; mais da metade das pessoas que trabalham fora moram a 8 km ou menos do trabalho, e 40% de todas as jornadas cobrem pouco mais de 3 km. É fácil fazer esse trajeto pedalando.

O uso da bicicleta como meio de transporte manterá você saudável e feliz. Mudará também a forma como você vê o mundo. Movido por um café-da-manhã no lugar de uns US$ 3 de gasolina, você talvez cruze com um amigo e tenha a chance de parar e bater um papinho antes de continuar seu trajeto. Ao chegar ao trabalho, com certeza encontrará facilmente uma vaga para estacionar!

Ao mesmo tempo em que você se sentirá feliz por ter se livrado da carga que seu automóvel representa, é provável que perceba também como sua comunidade foi projetada para se adequar às necessidades dos carros, não das pessoas. Usando a bicicleta como meio de transporte, você estará expressando uma nova visão de como o mundo poderia ser; sem necessidade de fazer abaixo-assinados, fixar cartazes ou pedir que seus líderes façam algo para combater o aquecimento global. Ao usar uma bicicleta, você já estará fazendo a sua parte.

Ciclo de vida

Andar de bicicleta meia hora por dia pode aumentar sua expectativa de vida em cerca de quatro anos.

Você quer tornar o ato de andar de bicicleta duas vezes mais seguro? Pedale mais e convide os amigos. O índice de acidentes envolvendo bicicletas cai 50% quando o número de ciclistas nas estradas é triplicado.

36 Descongestione o Centro da Cidade

1 milhão de pessoas que pega uma condução para chegar ao trabalho desperdiça cerca de 47 milhões de horas por ano em virtude dos congestionamentos de trânsito.	CUSTO	TEMPO	ESFORÇO	IMPACTO
	US$ 15 ou mais	variável		

Os centros urbanos são a Arábia Saudita em termos de eficiência de energia – as maiores fontes de economia de energia inexploradas do mundo.

As metrópoles mais populosas são, de muitas formas, os lugares mais verdes do planeta, muito mais eficientes no uso de energia, água e terra, gerando uma quantidade muito menor de emissões de carbono do que a produzida pelo desordenado crescimento dos bairros. Mesmo assim, Nova York e outras *grandes* cidades norte-americanas poderiam ser ainda mais verdes. Os automóveis que acomodam um único passageiro não são a melhor forma de transporte ao longo de ruas repletas e congestionadas. Muitas das melhores medidas para minimizar o uso do carro nas grandes cidades podem torná-las lugares mais saudáveis e agradáveis para viver e trabalhar.

O PREÇO DOS CONGESTIONAMENTOS Em virtude dos enormes congestionamentos, Londres passou a cobrar £ 8 (cerca de US$ 15) por dia para cada motorista que pretenda dirigir em um distrito comercial central onde o trânsito é permitido. Todas as receitas geradas são destinadas a projetos de transporte coletivo, bicicletas e pedestres. O mesmo número de pessoas ainda vai ao centro de Londres, mas com 500 mil carros a menos por dia. Os atrasos do trânsito foram reduzidos em 22% e as emissões de carbono, em 16%. Além de tudo isso, a economia local está melhorando. O prefeito de Londres está propondo o aumento da taxa, passando para £ 25 por dia (US$ 48) para veículos SUV e outros grandes emissores de carbono. Brilhante!

ALUGUE UMA BICICLETA Em muitas cidades da Alemanha é possível ver bicicletas vermelhas com um aspecto curioso – chamadas *Call-a-Bike* – que costumam ser estacionadas de forma ordenada nas calçadas em várias áreas da cidade. Após fazer um registro prévio *online*, tudo o que o ciclista tem a fazer é escolher uma bicicleta, ligar para um número fornecido e digitar o código de quatro dígitos da respectiva bicicleta. Um sinal de liberação é emitido para o celular. A cobrança é feita por minuto, e um percurso de meia hora custa quase o equivalente ao preço do metrô ou do ônibus. *Wunderbar*!

BRT (BUS RAPID TRANSIT) Um termo para serviços de ônibus de alta qualidade que usam pistas exclusivas e outras melhorias mudou a natureza do "andar de ônibus". Tomemos como exemplo Paris, onde pistas ao longo das avenidas mais congestionadas são exclusivas para ônibus, bicicletas e táxis. Conectado a um sistema de informações em tempo real, que informa aos ciclistas e aos controladores os horários exatos dos ônibus, o BRT transformou os ônibus parisienses em um transporte rápido, eficiente e de excelente qualidade. *Formidable*!

A história de Manhattan

82% dos moradores de Manhattan valem-se dos transportes públicos, vão de bicicleta ou a pé para o trabalho – 10 vezes a média dos EUA. Atualmente, o consumo de gasolina dos cidadãos de Manhattan é tão baixo quanto o país inteiro não atingia desde a década de 1920, e gera menos de 1/3 das emissões de carbono produzidas pelo americano médio.

Para mais informações, visite www.cnu.org

37 Eleja um Herói

Mais de 62 milhões de pessoas moram em cidades que deram apoio ao Acordo de Proteção Climática assinado pelo prefeito-herói Greg Nickels.

CUSTO	TEMPO	ESFORÇO	IMPACTO
0	30 min		

N. 1

é a posição que ocupa Atticus Finch, o advogado de O Sol é Para Todos, na lista dos maiores heróis do cinema de todos os tempos levantada pelo American Film Institute (o Super-homem ocupa o posto n. 26).

Heróis salvam vidas. A capa, a máscara, o enfadonho alter ego e a mal iluminada toca subterrânea – tudo isso representa apenas a cobertura do bolo. Você não é considerado um verdadeiro herói até que tenha ajudado a salvar alguém ou alguma coisa.

Felizmente, podemos encontrar verdadeiros heróis em todos os cantos do globo, homes e mulheres valentes, capazes de façanhas que exigem coragem e que lutam diariamente pela salvação do nosso planeta. Cada um tem seus poderes exclusivos. O que compartilham são reservas incomuns de uma visão super-humana, vigor extraordinário e impressionante força moral.

LISTA DE VERDADEIROS EXEMPLOS

JACQUES COUSTEAU

(1910-1997) Este francês apaixonado que, junto a Emile Gagnan, trouxe a nós uma pequena coisa chamada mergulho com cilindro, dividiu com o mundo seu amor e preocupação com a vida aquática por meio de fascinantes e acessíveis especiais de TV. Na fase madura da vida, dedicou suas energias cada vez mais à preservação dos mares e da vida marinha.

PETRA KELLY

(1947-1992) Kelly ajudou a fundar o Partido Verde Alemão, o primeiro partido ambientalista do mundo a alcançar importância política. Embora também defendesse os direitos humanos, a justiça social e a paz, Kelly concentrava-se mais nas questões ambientais.

JOHN MUIR

(1838–1914) O Babe Ruth do movimento ecológico, Muir, escocês andarilho, pastor e ativista, foi o maior naturalista da América. Além disso, foi co-fundador do Sierra Club e ajudou na ascensão de Yosemite a parque nacional.

GREG NICKELS

(nascido em 1955) O prefeito de Seattle, frustrado com a recusa dos EUA em ratificar o Protocolo de Kyoto, criou o Acordo de Proteção Climática, que pretendia cumprir ou superar as metas de Kyoto. Inicialmente, oito outros prefeitos americanos juntaram-se a Nickels implementando medidas locais para reduzir as emissões de gases do efeito estufa; hoje esse número ultrapassa 450.

WANGARI MAATHAI

(nascida em 1940) O movimento Green Belt fundado por Maathai em 1977 plantou mais de 20 milhões de acres de árvores para evitar a erosão do solo e fornecer lenha. Embora tenha sido presa mais de uma vez por sua luta contra a corrupção no governo, em 2002 Maathai foi eleita para o parlamento e atuou como ministra do meio ambiente. Ganhou o prêmio Nobel da Paz em 2004.

YVON CHOUINARD

(nascido em 1938) Surfista e alpinista americano. Quando jovem, fabricava suas próprias estacas de aço. Depois de descobrir que elas danificavam as rochas de Yosemite, passou a criar novas ferramentas e materiais e a defender a "escalada limpa". Mais tarde, fundou a confecção Patagonia, cujas iniciativas promovem de modo constante o ambientalismo, bem como a dignidade e a justiça no trabalho.

ADAM WAJRAK

(nascido em 1972) Quando jovem, Wajrak começou a escrever sobre a vida animal e vegetal em sua terra natal, a Polônia, narrando o desaparecimento dos bosques de seus ancestrais e do grande rio Vistula. Aos trinta e poucos anos, após a queda do comunismo, tornou-se um dos principais jornalistas ambientais de seu país, trabalhando para proteger a vida selvagem ameaçada pelo desenvolvimento pós-comunismo.

WILLIAM McDONOUGH

(nascido em 1951) Este arquiteto americano é uma das principais vozes no *design* e na produção sustentáveis. Recentemente, cobriu o telhado de uma fábrica de 92.900 m^2 da Ford Motor, em Dearborn, Michigan, com 4 ha de sedum – espécie de planta que, como a hera, cobre todo o terreno, além de reter e limpar a água da chuva. Seu livro *Cradle to Cradle* tornou-se a bíblia do movimento em prol da sustentabilidade.

38 Escolha a Sacola Certa

Se 1 milhão de pessoas optasse por sacos reutilizáveis, seria eliminada a necessidade de 1 bilhão de sacos plásticos.	CUSTO	TEMPO	ESFORÇO	IMPACTO
	US$ 5	5 min		

Estima-se que existam entre 500 bilhões e 1 trilhão de sacolas de plástico novas sendo usadas todo ano. Isso equivale a 2 milhões por minuto.

14 milhões

de árvores foram cortadas em 1999 para fornecer sacos de papel aos EUA.

Seu carro híbrido está parado no estacionamento. Suas compras são comprovadamente orgânicas e *carbon free*. Você até lembrou de pegar algumas lâmpadas fluorescentes compactas para os seus lustres. Hora de pagar. Mas espere. Papel ou plástico? Às vezes, em um mundo de embalagens para viagem, não há nada pior.

Uma família americana média de quatro pessoas joga cerca de 1.500 sacolas plásticas por ano, e cada uma pode levar até mil anos para se decompor. É um belo legado. Muitas dessas sacolas não são biodegradáveis; o plástico apenas se decompõe em partículas menores até se dissolver no solo ou na água. Também não é difícil ligar os pontos entre os sacos plásticos e os combustíveis fósseis. As sacolas são feitas a partir de derivados de óleo bruto e de gás natural, e chegam a 12 milhões de barris por ano.

Sacos de papel são biodegradáveis, o que já ajuda bastante, mas a energia, os produtos químicos e a água – sem contar as árvores – consumidos para fabricá-los significam um peso ainda maior para o meio ambiente. E o saco é usado apenas uma vez e jogado fora.

Então qual é a melhor opção? Vamos comparar.

PAPEL OU PLÁSTICO?

1 ton de sacos = 17 árvores	1 ton de sacolas = 11 barris de óleo bruto
20% são reciclados	1% é reciclado
Ingredientes: madeira, petróleo e carvão	Ingredientes: gás natural e petróleo
É biodegradável em cerca de um mês, porém, devido a aterros de lixo mal projetados , decompõe-se na mesma velocidade que o plástico	Leva de 5 a 1000 anos para se decompor
Cada saco gera cerca de 2,6 kg de poluição aérea	Cada sacola gera 0,5 kg de poluição aérea; quase 80% menos que o papel
Gera resíduo sólido na mesma quantidade que o plástico	Consome 40% menos energia para ser fabricado e 91% menos energia para ser reciclado que o papel
Por causa do peso e do volume, consome mais combustível ao ser transportado para as lojas	Mais de 3% das sacolas plásticas do mundo acabam se tornando lixo flutuante
Seu processo de fabricação produz 50 vezes mais poluição na água que o plástico	É facilmente levado para o mar, onde, se ingerido, obstrui o estômago de baleias e tartarugas

A RESPOSTA? NENHUM DOS DOIS.

Você chama isso de escolha? Esqueça o dilema moral entre o que as lojas oferecem e leve sua própria sacola. Quer sua preferência seja o cânhamo (forte e durável), a lona orgânica ou o algodão (o toque, a maciez), ao usar sua própria sacola, você estará fazendo a coisa certa. Ou, melhor ainda, procure uma sacola reutilizável feita de materiais recicláveis.

Para mais informações, visite www.ecobags.com

39 Plante uma Árvore (Com Cuidado)

Se 1 milhão de pessoas plantasse uma árvore, 1,33 milhão de ton de CO_2 seria absorvido no decorrer da vida dessas árvores.	CUSTO	TEMPO	ESFORÇO	IMPACTO
	variável	1 h		

ESCOLHA

Opte por uma espécie. Variedades que crescem rápido são boas, assim como as de vida longa.

CAVE

O ideal é um buraco com cerca de três vezes a extensão das raízes.

PLANTE

Erga a raiz! Use os joelhos.

CUBRA

Adubo orgânico – material em decomposição – ou adubo composto por minhocas fará seu combatente de CO_2 ter um belo começo.

"A melhor época para plantar uma árvore era 20 anos atrás. A próxima ocasião ideal é agora" – provérbio chinês

Se você fosse escolher algo simples de fazer para ajudar a impedir o aquecimento global, plantar uma árvore seria a escolha óbvia. Seria mesmo?

É verdade, apenas uma árvore pode absorver mais de 1 ton de CO_2 no decorrer de sua vida. Isso é ótimo. Mas alguns pontos importantes pedem atenção. Não que Ronald Reagan estivesse certo ao afirmar: "As árvores geram mais poluição que os carros" (Hum, não). É que quando as árvores se deterioram, elas liberam o CO_2 de volta ao ambiente (apesar de uma parte permanecer no solo). Então, uma vez que uma árvore foi plantada, alguém precisa cuidar dela e, quando a hora chegar, transformá-la em lenha ou descartá-la num aterro em vez de transformá-la em material decomposto ou queimá-la.

Se você vive numa região tropical, está num local ótimo para o plantio. Florestas tropicais filtram os poluentes rapidamente e, com as raízes profundas, sugam a água que evapora na atmosfera, ajudando a nutrir a nuvem protetora que reflete os raios solares de volta para o espaço. Nas zonas temperadas do globo, como os EUA e a Europa, um dos resultados que os climatologistas temem é que todas as árvores plantadas absorvam e retenham o calor do sol, contribuindo com o aumento da temperatura da superfície da Terra em cerca de 120°C anuais nessas regiões por volta do ano de 2100.

Chega de más notícias. As árvores não são vitais apenas para nós, obviamente, mas para fungos, insetos e outras grandes e pequenas criaturas. Tudo o que nos incentiva a prezar e querer proteger a natureza, além de ser algo nobre, tem ótimos resultados no futuro.

Se você não consegue levar uma muda a um pedaço de terra, faça uma contribuição para uma organização que plante árvores. Vá fundo!

Empréstimos de Carbono

As árvores lentamente removem o carbono da atmosfera conforme vão crescendo e amadurecendo. Uma única árvore pode absorver 1 ton de carbono durante seus 40 anos de vida. Quando essa mesma árvore morre e se decompõe naturalmente – ou é cortada e queimada como lenha – ela libera a maior parte do carbono que removeu no decorrer de sua vida.

40 Turbine sua Carreira

Novos investimentos em energia renovável podem gerar 3,3 milhões de novos empregos na próxima década.	CUSTO	TEMPO	ESFORÇO	IMPACTO
	variável	40 h ou mais		

"Ecológico" não significa ruim para os negócios. Significa que o planeta precisa de novas soluções. Novas soluções significam novos empregos, novas empresas, toda uma nova indústria – além de antigas indústrias prontas para se reinventar.

Afinal, alguém precisará fabricar nossos carros limpos, plantar as safras orgânicas e ajustar nossos painéis solares. Precisaremos do pacote completo: corretores para o mercado de créditos de carbono, operários de fábricas "ecológicas" e barões de energia renovável. Então, quer você abra uma empresa ou vá trabalhar em uma, esta é a hora de dar o primeiro passo em direção ao *boom* ecológico. Aqui estão quatro idéias que vão fazê-lo

VOLTE AO CAMPO Mercados de fazendeiros são o novo centro da praça, e fazer parte de grupos de agricultura comunitária, está em alta (ver tática n. 30). Muitas fazendas orgânicas oferecem treinamentos, e até agricultores novatos podem fazer um curso rápido de como plantar um jardim. Quando você aprender o básico, estará pronto para trabalhar no campo ou em diversos empregos relacionados, desde selecionar produtos locais para restaurantes até ensinar práticas de jardinagem.

TORNE-SE UM EMPREENDEDOR Imagine construir uma fábrica gerida por princípios sustentáveis. Na cervejaria New Belgium, movida a vento e metano, no Colorado, a água usada para processar a cerveja passa por lagos nos quais bactérias se alimentam do lixo orgânico, reduzindo a tensão da usina de tratamento municipal e produzindo metano, que é convertido em calor e eletricidade.

OPTE PELA RECUPERAÇÃO Em vez de demolir uma casa antiga para construir uma nova, os proprietários podem contratar uma equipe local de "desconstrutores" para remover parte por parte e enviar os materiais reutilizáveis a uma loja de recuperação. Depósitos de restos de material de construção estão repletos de "achados".

CONSTRUA O FUTURO Você acha que pode tornar tudo melhor? Prove escolhendo uma carreira em planejamento ou arquitetura verde. Torne-se um engenheiro ambiental e crie baterias biodegradáveis. Faça planejamento industrial e invente o primeiro computador desmontável totalmente reciclável. Ou prepare-se atuando como um planejador ambiental e ajude a desenvolver sua própria cidade modelo: cerque a cidade com usinas eólicas, acabe com a hora do *rush* para sempre com ciclovias espalhadas por todo o perímetro e coloque uma composteira mantida por um minhocário no centro da nova fazenda orgânica do parque.

Três outras opções sustentáveis

Terra Plana
Uma sapataria britânica que fabrica calçados ecológicos com colas não-tóxicas e materiais reciclados.

Simplesmente Madera
Um estúdio de design na Nicarágua que constrói móveis para casa com madeira tropical sustentável.

La Mediterranea
Uma empresa espanhola do ramo de vidro que produz luxuosos pratos, copos e objetos ornamentais, unicamente de vidro reciclável.

Para mais informações, visite jobs.treehugger.com

41 Invista com Sabedoria

Se US$ 1 milhão tivesse sido colocado em um fundo de investimento socialmente responsável há 10 anos, hoje teria rendido US$ 2,2 milhões (seu retorno pode variar).

CUSTO	TEMPO	ESFORÇO	IMPACTO
US$ 1.000 ou mais	30 min		

US$ 2,4 bilhões

de capital de investimento foram aplicados em empresas de energia renovável em 2006 – mais que o dobro do que foi investido em 2005.

Nem todo dólar lucrado tem de vir às custas do meio ambiente. É possível se dar bem fazendo o bem. Se você sabe onde investir, pode salvar o planeta ao mesmo tempo em que salva sua própria pele.

Perdoe o trocadilho, mas as ações do aquecimento global estão em alta. Uma das maiores tendências do mercado financeiro é encontrar investimentos que prosperem em um mundo em processo de aquecimento. Se você é um investidor individual, pode encontrar muitas empresas que atuam tentando gerenciar o problema da temperatura do planeta – e que obtêm lucro. Se você preferir clubes de investimento, existem dúzias de opções de fundos que colocam o seu dinheiro em empresas com ética e responsabilidade social, que tendem a ser as empresas abertas mais sustentáveis que existem. Outros fundos se concentram em fontes alternativas de energia, que muitos investidores vêem como uma indústria com maior potencial num mundo em aquecimento.

Onde começar: www.socialfunds.com é uma câmara de compensação que reúne dúzias de fundos verdes e socialmente responsáveis, do Appleseed Fund ao Walden Social Equity. Ao investir com sabedoria, você ajuda a manter empresas que trabalham para resolver a questão do aquecimento global. Transforme esses "valores verdes" em "verdinhas".

Para mais informações, visite www.greenmoneyjournal.com

42 Divida o Volante

	CUSTO	TEMPO	ESFORÇO	IMPACTO
Se 1 milhão de pessoas tivesse um sistema de carona, 1,7 milhão de ton de CO_2 seria eliminado por ano.	0	30 min		

Você sente uma ponta de culpa toda vez que usa o carro sozinho? É fácil dar uma folga para sua consciência e para o planeta. Divida a direção.

Um trabalhador médio queima cerca de 1200 L por ano, gerando uma nuvem de 3,4 ton de CO_2. Levar um passageiro extra significa cortar isso pela metade. Encontre mais alguém e diminua dois terços.

Cerca de 10% dos trabalhadores americanos têm um sistema de carona semanal. Eles obtêm descontos de até 20% no seguro, além de poder usar as faixas reversíveis. Seus chefes podem oferecer incentivos como estacionamento grátis, horários reduzidos, bônus salariais e prêmios em dinheiro.

Ninguém com quem pegar carona? Tente dividir um carro que você use só quando precisa, e então passe para outra pessoa. Esses serviços existem no mundo todo; um carro compartilhado pode substituir de quatro a oito veículos.

Para mais informações, visite www.carpoolconnect.com

43 Reutilize as Notícias

Se reciclarmos cerca de 500.000 kg de jornal, as árvores que salvaríamos poderiam absorver aproximadamente 57.000 kg de CO_2 por ano.

CUSTO	TEMPO	ESFORÇO	IMPACTO
0	5 min		

67 milhões

de ton de papel são usados pelos americanos todo ano.

Da próxima vez que você for até a coleta seletiva de lixo com uma grande pilha de jornal, lembre-se de que, mesmo que a reciclagem de papel seja a tecnologia verde mais antiga do mundo – os japoneses começaram a reconverter papel em polpa em 1031 –, ela ainda não é a mais eficiente.

O papel só pode ser reciclado de 3 a 5 vezes antes que suas fibras se rompam; cada transformação em polpa só adia o encontro final com o aterro sanitário. Por causa do fato desagradável de os produtos feitos de papel serem a primeira coisa que jogamos fora, está na hora de começar a pensar em dar mais utilidade a eles. O objetivo: reduzir a velocidade do fluxo da fibra. A pressa realmente é inimiga da perfeição.

UM COMEÇO

PROTEJA PACOTES FRÁGEIS Em vez de acomodar seu próximo carregamento de copos para a sua coleção em plástico-bolha (que são derivados do petróleo), ou embalagens de espuma (que podem definhar em depósitos de lixo por centenas de anos), proteja-os com jornal.

FORRE SEUS SAPATOS PARA QUE MANTENHAM A FORMA É ecologicamente melhor que usar bases para sapatos feitas de madeira. Jornais também são desodorizantes.

LIMPE AS SUJEIRAS DOS SEUS BICHOS DE ESTIMAÇÃO Forre o fundo da caixa de areia do seu gato com as notícias ruins do mercado. Você pode deixar as cartas ao editor para o Totó.

ENTERRE Camadas de jornal, cobertas de adubo orgânico, lentamente transformam um capinzal em um canteiro com solo de primeira. Para melhores resultados, regue o adubo e deixe descansar por alguns meses. Quando voltar, o local estará perfeito para os seus gerânios. Você também pode adicionar pedaços de jornal rasgado à composteira. Rasgue os colunistas que você mais odeia e espalhe sobre cascas de ovo.

USE COMO PAPEL DE EMBRULHO Mas lembre-se: matérias terríveis sobre enchentes, fome e seca ficam do lado de dentro; fotos glamourosas de casais de celebridades ficam do lado de fora.

Aquele fedor horrível vindo do lixo não são só cascas de melancia e grãos de café. Papel podre também tem mau cheiro.

44 Construa uma Casa para Morcegos

Mais de 1 milhão de morcegos rondam os céus de Austin, Texas, nas noites de verão.	CUSTO	TEMPO	ESFORÇO	IMPACTO
	de US$ 30 a US$ 100 ou mais	1 h	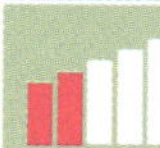	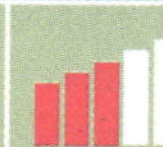

Cientistas afirmam que o aquecimento global já se tornou um fator de disseminação da febre do vírus do Oeste do Nilo. Casos da doença nos EUA aumentaram de 63, em 1999, quando ela foi descoberta, para mais de 4 mil, em 2006.

Santa mudança climática, Batman! Dengue em Fargo? Malária em Manchester? Assustador, não é? Pode ser um pouco de exagero, mas o aquecimento global está causando uma redistribuição das pragas tropicais e suas doenças para latitudes mais altas e elevações, onde esses problemas não existiam poucas décadas atrás.

Temperaturas mais altas proporcionam a mosquitos e carrapatos uma temporada mais longa e um alcance maior. Essas pragas não estão apenas encontrando latitudes hospitaleiras mais altas como também podem estar passando por um aumento de reprodução.

Em 2000, a Organização Mundial de Saúde estimou que mais de 150 mil mortes pudessem ser atribuídas a doenças e outras condições causadas pelas mudanças climáticas. Em 2030, a organização alerta, esse número pode dobrar.

Além de usar um mosquiteiro para o corpo todo, o que fazer? Uma resposta: supere o seu medo de morcegos.

Não há nada que os nossos caluniados amigos gostem mais do que apanhar e degustar um lanche à base de disseminadores de doenças. Morcegos marrons pequenos

e grandes, os mais comuns na América do Norte, podem capturar mais de 1.200 mosquitos por hora. Talvez você já tenha morcegos no seu quintal: com exceção das regiões polares, eles vivem em praticamente todo lugar.

Se você construir uma casa de morcegos, eles virão. E comerão os insetos. A casa pode ser tão simples quanto uma caixa feita de pinheiro com uma entrada e divisões de "cômodos" dentro. Sugestões de "faça-você-mesmo" estão por toda a internet, e modelos prontos custam menos de US$ 30 para casas mais simples e mais de US$ 100 para palácios de cedro. Só certifique-se de instalar seu modelo aprovado pelo Bat Conservation International a cerca de 5 m do chão, num poste a pelo menos 90 m da sua casa no início de março, quando os morcegos começam as novas colônias. E tenha paciência. Eles podem não aparecer por uma estação ou duas, mas quando vierem, você terá cerca de trezentos aliados contra os mosquitos.

Para mais informações, visite www.batcon.org

45 Tomem Banho Juntos

Se 1 milhão de pessoas tomasse banhos mais curtos, eliminaríamos 175.000 ton de CO_2 por ano.

CUSTO	TEMPO	ESFORÇO	IMPACTO
0	30 min		

Aquecer água pode aumentar 25% do seu consumo de energia.

Mantenha o fluxo baixo

Ao tomar banho, regule o chuveiro de acordo com a estação do ano. Como vocês estão em dois, vamos fingir que "não estamos vendo" só desta vez. Aproveitem ao máximo!

Em uma questão de poucas décadas, milhões de pessoas vão sofrer com a falta de água em conseqüência do aquecimento global. De acordo com o último relatório da ONU, todos os continentes sofrerão, seja de excesso ou de falta de água.

Até agora, oceanos com temperaturas mais altas causaram secas no oeste dos EUA, e existem indícios de que o derretimento de geleiras em Washington e o desaparecimento das coberturas de neve em partes do noroeste, sudoeste e nas Montanhas Rochosas tornarão a água doce cada vez mais escassa nos próximos cinqüenta anos.

Agora seria o momento de entrar em pânico. Mas por que não ver o lado bom? A escassez de água que se aproxima pode ser a desculpa perfeita para compartilhar um banho. Faça isso pelo planeta.

Antes que você abra o champanhe, certifique-se de que você diminuiu a temperatura da água. Uma redução de 12ºC pode diminuir mais de 200 kg na sua produção anual de CO_2.

SETE PASSOS PARA O NIRVANA DOS BANHOS

SIRVA O VINHO Que tal uma garrafa do vinho nacional e orgânico? Os vinhos importados deveriam vir com a imagem de um grande barco consumidor voraz de combustível no rótulo.

ACENDA O FOGO Diminua as luzes e acenda velas de soja. Velas de soja têm uma chama mais forte que as de parafina e não são feitas de petróleo, então não há culpa em relação ao combustível fóssil.

***J'AIME BEAUCOUP VOTRE SERVIETTE*, OU: "BELAS TOALHAS, MEU AMOR"** Deixe a postos um par de toalhas de algodão orgânico ou de bambu. O bambu é uma das plantas que cresce mais rápido (então não ocupa tanto terreno novo) e produz mais oxigênio por acre que a maioria das árvores (veja a tática n. 50).

NÃO SE SUJE MUITO Espalhe um pouco de espuma para banho biodegradável e prepare-se para se esfregar com uma bucha orgânica ou uma sensual esponja de algodão.

DEIXE A MÚSICA TOCAR Que tal algumas músicas novas e pouco convencionais? Ninguém precisa de eletricidade quando se tem um rádio à base de energia solar, carregado e pronto para entrar em ação (assim como você). Experimente o *Freeplay*. Disponível em store.sundancesolar.com

ENSABOE Tome um belo banho quente (mas não muito quente!) com quem você ama. E, se não puder dar um banho nesta pessoa, dê um banho em quem estiver com você.

Para onde vai a água?

(em litros)

Para mais informações, visite www.green-logic.net/bath.html

46 Construa uma Casa de Palha

Se 1 milhão de casas reduzisse pela metade sua conta de gás, 2,75 milhões de ton de CO_2 seriam eliminados por ano.	CUSTO	TEMPO	ESFORÇO	IMPACTO
	US$ 30 por m^2 ou mais	40 h ou mais		

Conheça o seu pedaço

Cada local tem uma abundância de energia gratuita disponível: o sol, o vento e a terra (veja as táticas n. 33, 47 e 51). Construir uma casa nova no lugar certo – e na direção certa – é crucial.

Metade do consumo de energia de uma residência média é usada para calefação ou ar condicionado.

Está construindo a casa dos seus sonhos? Esqueça o metal e o vidro, o domo geodésico neo-sessentista, e vá além do castelo da Cinderela que estava desenhado no seu caderno. Em vez disso, opte pela simplicidade. Opte pelo orgânico. Opte pela palha.

A palha é usada em construções há milhares de anos, e foi transformada em construções na década de 1800 nas Grandes Planícies americanas – onde não havia árvores. A idéia de construir com palha foi redescoberta por arquitetos ecologicamente conscientes nos anos de 1980, e casas de palha hoje em dia não são apenas cabanas com correntes de ar nas pradarias. Em vez disso, fardos de palha tornaram-se os novos blocos de construção de casas ecológicas supereficientes e com redução nas emissões de CO_2.

Fardos são feitos de palha descartada que, de outra forma, seria queimada (ou seja, há uma redução em rede nas emissões de CO_2 desde o começo). Mas não se preocupe com os incêndios – ou com o Lobo Mau. Fardos de palha são mais resistentes ao fogo do que a madeira de construção tradicional.

Os fardos são usados para preencher a estrutura de uma casa, criando paredes de 60 cm de espessura. Coberta com reboco e gesso, a palha é um excelente isolamento – duas ou três vezes mais eficiente em termos de energia que as construções tradicionais. Combinada com outros truques de construção verde (janelas voltadas para o sul para aquecimento solar "passivo", sistemas eficientes de aquecimento e resfriamento e janelas de folha dupla *low-e*), seu consumo de energia pode ser reduzido em dois terços.

O consumo doméstico de energia é responsável por 18% das emissões anuais do efeito estufa nos EUA.

Para mais informações, visite www.strawbale.com

47 Instale um Moinho

Se 100 mil residências instalassem uma turbina de ventos em tamanho grande, a redução anual de CO_2 seria de 900.000 ton.

CUSTO	TEMPO	ESFORÇO	IMPACTO
US$ 7000 ou mais	24 h ou mais		

Muitas empresas de serviços públicos oferecem aos clientes a opção de pagar um pouco mais para ajudar na geração de ventos.

Ninguém gosta de ter a conta de luz debitada da conta bancária. Boas notícias: libertar-se da servidão dos serviços públicos está se tornando mais fácil e mais barato.

Geração de vento é uma das melhores tecnologias disponíveis para cortar o carbono da sua dieta doméstica.

Você não precisa ser um gênio de energia doméstica para instalar um moinho – existem consultores de energia doméstica ávidos por ajudá-lo a escolher, instalar e manter sua própria turbina. Com esse auxílio, girar as engrenagens pode levar apenas um dia. Se você tiver vento suficiente (e dinheiro) para uma turbina maior, pode até vender eletricidade para as empresas de serviços públicos.

A velocidade média do vento deve alcançar 16 km/h – a melhor maneira de atingir isso é ficar acima de edifícios e árvores. A produção de velocidade eólica eleva-se ao cubo, resultando em um aumento considerável de energia conforme o vento sopra mais forte. Um vento a 25 km/h gera quase 50% mais eletricidade que o vento a 22,5 km/h.

Neste momento, a não ser que você precise de um "gato", a instalação eólica de uma única casa pode ser onerosa demais. Mas novas turbinas, que aumentam a eficiência e custam menos, estão sendo lançadas no mercado, e geradores pequenos para serem instalados em prédios estão sendo desenvolvidos. O sonho de muitas casas movidas a vento pode ser mais que uma ilusão.

PENSE ALTO O vento tem um poder impressionante em maior escala. Com moinhos em escala suficiente para abastecimento de eletricidade – 35 andares com pás maiores que a envergadura da asa de um 727 – o estado de Dakota do Norte poderia sozinho iluminar cerca de 1/3 dos EUA. O vento pode não dar conta de tudo, mas pode ser um grande avanço no sentido de tampar nossa produção de carbono. Você pode ajudar o vento a se tornar mais popular adquirindo energia eólica em maior escala (veja a tática n. 16).

$$$

Os custos da energia eólica diminuíram 90% nos últimos 20 anos.

Alívio para a consciência

Apenas aproximadamente uma em cada 10.000 mortes de pássaros por humanos em um ano é causada por moinhos.

Energia gerada por uma turbina eólica de um megawatt em vinte anos = 29.000 ton de carvão ou 92.000 barris de petróleo.

Para mais informações, visite www.homepower.com

48 Deixe seu Telhado Verde

Se plantássemos 1 milhão de telhados verdes, poderíamos eliminar 595.000 ton de CO_2 por ano.	CUSTO	TEMPO	ESFORÇO	IMPACTO
	US$ 1.000 ou mais	20 h ou mais		

$$$

Um telhado verde pode reduzir os custos de calefação e resfriamento em mais de 50%

610.000 m²

de telhados com plantas foram instalados ou estão sendo instalados em Chicago.

O telhado – ou melhor, o telhado verde – deveria ser uma parte fundamental da sua estratégia de redução de carbono: plante, regue e aproveite.

Um telhado verde é apenas um telhado com vegetação – seja um gramado, um jardim com plantas ou um terreno totalmente arborizado, com árvores e arbustos. Um telhado bem cultivado absorve a radiação solar e o CO_2, diminui o excesso de água da chuva, cria um valioso isolamento, oferece abrigo a alguns animais que gostam de altura e proporciona aos passageiros de vôos baixos uma bela vista.

Telhados verdes são especialmente eficientes nas cidades, onde a combinação de prédios que absorvem o

calor do sol e o caldeirão barulhento de pessoas, carros e aparelhos de ar condicionado cria um "efeito de ilha de calor", aumentando a temperatura local em 10%.

O calor do sol não fica preso sob um telhado verde como ficaria sob um telhado de piche; em vez disso, uma quantidade significativa da energia térmica contribui para o crescimento das plantas ou é refletido em vez de ficar preso na cidade. O resultado é que, em qualquer localidade, os telhados verdes diminuem a velocidade da perda ou do ganho de calor, o que diminui a carga dos seus sistemas de calefação e resfriamento – e uma carga menor requer menos energia e resulta em menos emissões de CO_2.

Telhados verdes podem ter mil formas diferentes, mas possuem a mesma estrutura básica: uma camada impermeável sobre um telhado padrão coberta com material de drenagem, terra e, finalmente, as plantas, que variam de acordo com a região. (Sistemas modulares novos permitem que você faça um telhado verde a partir de blocos pré-fabricados, simplificando muito a construção.) Ele pode ter uma camada fina de vidro, ou algo ornamental e fantástico. (Certifique-se de que o telhado suporta o peso.) Um paisagista pode ajudar a transformar sua idéia de selva urbana em realidade.

Você não consegue arcar com o preço de um telhado verde? Então pinte um telhado escuro de branco ou prateado. Superfícies pretas sob o sol podem ser até 20ºC mais quentes que o branco ou o prateado.

O maior telhado verde dos EUA cobre 10,4 acres no alto da fábrica da Ford River Rouge, em Detroit.

Para mais informações, visite www.greenroofs.org

49 Reabasteça pela Terra

Se deixássemos de usar 1 milhão de garrafas de água, eliminaríamos 18,3 ton de emissões de CO_2	CUSTO	TEMPO	ESFORÇO	IMPACTO
	US$ 5 ou mais	15 min		

No mundo todo, consumimos o equivalente a 155 bilhões de litros de água engarrafada por ano – apesar de ela não ter sabor melhor que a água da nascente, além de gastar combustível e água para o engarrafamento e o transporte. Beba com sabedoria: use uma garrafa durável e portátil.

Uma regra útil para a redução do aquecimento global: compre menos coisas. A conseqüência imediata: se você precisa comprar coisas, dê preferência a produtos que respeitam o planeta.

✓ **PRODUTOS DE PAPEL RECICLADO** Uma tonelada de papel reciclado demanda 17 árvores a menos e 67% menos energia que o papel não-reciclado. Assuma o compromisso completo: compre guardanapos, lenços de papel, papel-toalha, papel para impressora e até mesmo papel higiênico reciclados. (Confie em nós, os novos tipos são macios.)

✓ **MATERIAL DE LIMPEZA BIODEGRADÁVEL À BASE DE VEGETAIS** Se em cada residência americana fosse utilizada apenas uma caixa de sabão em pó ecológico em vez de sabão à base de petróleo, economizaríamos 217.000 barris de petróleo por ano – isso equivale a 90.000 ton de CO_2.

✓ **CAFÉ CULTIVADO À SOMBRA: UMA TROCA JUSTA** O cultivo do café à sombra – a forma tradicional – preserva os ecossistemas que utilizam parte do CO_2 emitido durante o preparo dessa bebida.

✓ **LÂMPADAS FLUORESCENTES COMPACTAS** Melhores e mais duradouras. Precisa dizer mais alguma coisa? (Sim? Veja a tática n. 3)

✓ **PRODUTOS DE HIGIENE PESSOAL** Há combustível fóssil escondido em artigos como protetor labial e pasta de dente. Procure produtos que contenham ingredientes orgânicos ou naturais.

✓ **PILHAS RECARREGÁVEIS** em vez de adicionar produtos químicos tóxicos aos aterros sanitários, opte por pilhas recarregáveis de NiMH. Uma única carga pode durar três ou quatro vezes mais que o equivalente a uma alcalina tradicional, e as NiMH podem ser reutilizadas centenas de vezes antes de se esgotarem. Quando isso ocorrer, leve-as a um posto de entrega e reciclagem de pilhas.

Para mais informações, visite www.thegreenguide.com

50 Adicione Bambu à sua Vida

Se plantássemos 1 milhão de acres de bambu, eliminaríamos mais de 4,8 milhões de ton de CO_2 por ano.	CUSTO	TEMPO	ESFORÇO	IMPACTO
	US$ 8 ou mais	15 min		

Bambu e árvores retêm o CO_2 em suas raízes e galhos enquanto crescem. Mas o bambu armazena mais CO_2 e gera 35% mais oxigênio que uma plantação de árvores equivalente.

O bambu é uma gramínea, não uma árvore, então ele cresce muito rápido, às vezes de 60 a 90 cm por dia. É durante o crescimento que o bambu captura a maior parte do CO_2.

O bambu não precisa de fertilizantes ou pesticidas. Ele estabiliza o solo e, quando é usado em lugar de madeira, reduz o desmatamento da floresta tropical. Mas talvez o mais importante seja que o bambu é um material industrial versátil. Aqui estão apenas alguns produtos feitos de bambu disponíveis.

PISOS Pisos de bambu são uma alternativa durável e de bom custo-benefício em relação ao piso de madeira.

UTENSÍLIOS Por resistir à água melhor que a madeira, o bambu não empena ou se rompe tão facilmente, o que o torna ótimo para balcões, colheres e tigelas.

TECIDOS Lençóis e toalhas de bambu são a última tendência em roupas de cama e de banho. Com suas fibras podem ser feitos lençóis extremamente macios e toalhas absorventes, além de outros tecidos (veja a tática n. 59).

Para mais informações, visite www.inbar.int

Opte por produtos oriundos de bambu cultivado de modo sustentável, sem pesticidas e fora de áreas recém-desmatadas. Se você estiver comprando pisos, opte por materiais sem formol.

Mais de 1 bilhão de pessoas vivem em casas de bambu.

51 Cave um Buraco Bem Fundo

Se 1 milhão de casas utilizasse um sistema de calefação geotérmico, seriam eliminads 4,4 milhões de ton de emissões de CO_2 por ano.	CUSTO	TEMPO	ESFORÇO	IMPACTO
	US$ 7.500 ou mais	1 semana		

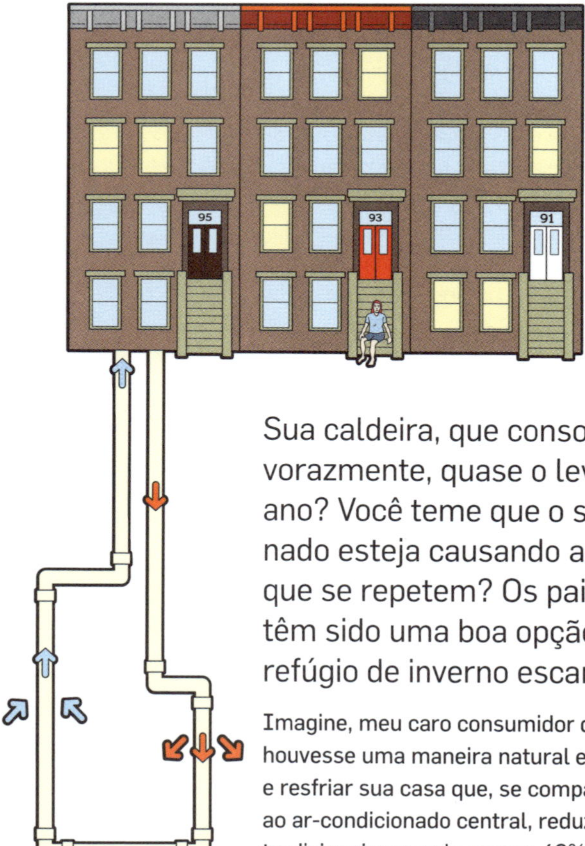

Sua caldeira, que consome combustível vorazmente, quase o leva à falência todo ano? Você teme que o seu ar condicionado esteja causando aqueles apagões que se repetem? Os painéis solares não têm sido uma boa opção para o seu refúgio de inverno escandinavo?

Imagine, meu caro consumidor de combustíveis, se houvesse uma maneira natural e econômica de aquecer e resfriar sua casa que, se comparada ao gás natural e ao ar-condicionado central, reduzisse as emissões tradicionais em pelo menos 40%. E imagine, indo além, se esse método utilizasse recursos naturais disponíveis bem no seu quintal, logo abaixo de você.

Trata-se de uma opção de aquecimento doméstico chamado sistema de energia geotérmica, que faz o calor natural da Terra trabalhar para você. Os sistemas geotérmicos aproveitam a temperatura da Terra alguns metros abaixo da superfície. Essa temperatura permanece relativamente constante o ano todo – entre 7 e 23ºC, dependendo da latitude.

Funciona assim: uma bomba de calor geotérmico traz água por meio de canos subterrâneos enfiados no chão. No inverno, quando o ar está mais frio, a água absorve o calor da Terra, que é concentrado por um equipamento localizado dentro da casa para aquecer o ambiente. No verão, o sistema age como uma fossa de calor, pegando o calor da sua casa e levando-o para o chão frio. Você só precisa de energia para ativar o compressor e o aparelho de troca de calor.

A rede de canos integrada é inserida superficialmente sob um pedaço de solo – se o terreno for grande – ou enterrada a dezenas de metros em um poço ou túnel para atingir solo suficientemente frio. (O sistema geotérmico que abastece um apartamento de 7,5 m de largura em Manhattan precisou de uma coluna cavada a mais de 335 m do solo).

Sim, há um porém. Os sistemas geotérmicos podem ter um alto custo de instalação. Mas alguns gastos podem ser aliviados por programas de crédito mantidos pelo governo para melhorias imobiliárias a juros baixos, abatimentos na energia e desconto nos impostos. Então faça um pouco de pesquisa, porque essa é uma excelente alternativa de calefação e resfriamento para proprietários de imóveis interessados em investir agora para economizar depois.

Na Islândia, cerca de 90% das casas são aquecidas por energia geotérmica. Como a temperatura média anual é um pouco abaixo de 4ºC, a maior parte dessa energia se destina a manter os islandeses confortáveis em suas residências.

Para mais informações, visite www.geoexchange.org

52 Invente o Antídoto

Milhões de toneladas de enxofre foram lançados na atmosfera com a erupção do Pinatubo em 1991; a superfície da Terra esfriou 0,5°C no ano seguinte.	CUSTO	TEMPO	ESFORÇO	IMPACTO
	geniali-dade, esforço	1 ano ou mais		

Se Thomas Edison soubesse o quanto a sua lâmpada um dia contribuiria para o aquecimento global, ele provavelmente teria continuado a inventar até encontrar uma solução para as emissões de carbono. Infelizmente, ele era um inventor, não um adivinho. Sobrou para você, leitor inventivo, resolver o maior desafio da humanidade.

A boa notícia é que você não está sozinho. Cientistas, engenheiros e gênios leigos do mundo já estão mergulhados no trabalho em diversos campos, desde a energia limpa até os escoadouros de carbono de grande porte e os carros elétricos. Um dos principais réus é o cimento, o produto manufaturado mais comumente usado no mundo. Pelo menos 5% das emissões de

CO_2 produzidas pelo homem vêm da fabricação de cimento, que se destina à produção de concreto. Um vislumbre de esperança: um inventor australiano criou um cimento que absorve CO_2 – 1 ton de cimento reduz 1/2 ton de CO_2 em um ano –, pode ser reciclado e utiliza materiais reciclados.

Onde mais nosso amigo Edison concentraria suas habilidades? Pense nos biocombustíveis. A produção de biodiesel geralmente exige um calor intenso para dar início às reações que transformam os suprimentos em combustível. Reduzir o calor necessário – talvez adicionando uma enzima aqui e um microrganismo ali – pode mudar a equação fortemente a favor dos biocombustíveis.

Ou as baterias. O que os carros elétricos precisam é de um tipo de bateria menor, mais barata, menos tóxica, mais duradoura e mais rápida de carregar. Enquanto estiver cuidando disso, deixe a fusão a frio pronta para o mercado de energia e você certamente ganhará um prêmio Nobel.

Mas as honrarias não são a única coisa em questão. As pessoas que acabaram de ganhar US$ 10 milhões pela primeira viagem de civis ao espaço dispuseram de outros US$ 10 milhões para transformar uma lenda urbana – o carro de 42,5 km/L – em realidade. É o prêmio automotivo X Prize, e o veículo ganhador precisa ser viável comercialmente.

Você pode embolsar outros US$ 25 milhões na Virgin Earth Challenge, oferecidos pelo megaempreendedor Richard Branson. Para ganhar, você precisa desenvolver a remoção em rede dos gases do efeito estufa da atmosfera a cada ano durante dez anos – não vale compensar os efeitos nocivos.

O dinheiro pode mover montanhas, mas lembre-se de que a Toyota gastou cerca de US$ 1 bilhão para desenvolver o Prius, que não chega nem perto das referências de desempenho do X Prize. Aqui, o verdadeiro prêmio está no *market share*. As tecnologias de combate ao CO_2 do futuro certamente vão remodelar a economia mundial, tanto quanto o carro e o computador fizeram no século passado.

Idéias de alta tecnologia que podem nos livrar da confusão do CO_2

Protetor solar
Balões que atingem grandes altitudes liberam partículas de enxofre na atmosfera, refletindo os raios e o calor do sol de volta para o espaço.

Espelhos espaciais
Espelhos gigantes instalados no espaço – dezenas de milhares deles – para desviar os raios do sol.

Afunde
Espalhe ferro pelo oceano para gerar um *baby boom* de fitoplânctons; esses organismos retiram o excesso de CO_2 da atmosfera.

Remoção
Transforme o CO_2 em uma pasta congelada nas profundezas do oceano.

Para mais informações, visite www.auto.xprize.org e www.virginearth.com

53 Use Pneus Velhos para Andar de Skate

A energia de 26 milhões de litros de gasolina é necessária para produzir 1 milhão de pneus.	CUSTO	TEMPO	ESFORÇO	IMPACTO
	0	semanas		

Chega a 3 bilhões o número de pneus velhos largados em pilhas nos EUA. Pneus descartados podem contaminar o escoamento de água da superfície e oferecem alto risco de incêndio porque podem entrar em combustão espontânea e levar meses para se esgotar, emitindo gás tóxico no decorrer de todo o processo. São terrenos férteis para roedores e insetos transmissores de doenças como o *aedes albopictus*. Quase 50 estados americanos baniram os pneus dos aterros. Muitos são descartados ilegalmente, poluindo matas, desertos e terrenos baldios.

290 milhões de pneus são descartados anualmente nos EUA

Pneus descartados são um tipo de lixo muito rico em combustível fóssil, além de serem um local de procriação para a dengue e a encefalite. Em vez de jogá-los na floresta, incorpore os pneus usados e os esportes radicais aos seus planos de sobrevivência, construindo rampas de skate usando pneus como base.

Não há como errar com uma pista de skate: elas proporcionam diversão boa e limpa, além de serem um local em que crianças (e adultos) realizam uma atividade construtiva. Usando a técnica "Earthship" (termo popular para designar o uso de pneus velhos na contrução de casas de terra batida), você pode dar ao skate um quê de probidade ecológica. Em Washington D.C., a fundação sem fins lucrativos East Coast Round Wall recuperou pneus de terrenos abandonados e parques nacionais, preencheu-os com terra e utilizou-os como base para o Green Skate Lab. Depois de moldar as paredes da cavidade da pista com os pneus, os trabalhadores colocaram barras de ferro e então

Para mais informações, visite www.skateparkguide.com

derramaram o concreto. O resultado: um local para andar de skate construído com 100% de trabalho voluntário e de materiais reutilizados ou reciclados.

15
parques para andar de skate são construídos todo mês nos EUA.

Rampas de skate são conhecidas por transformar lixo descartado em estruturas para manobras como *carve* e *grind*. No parque Burnside, em Portland, Oregon, concreto encontrado e doado deu vida a um espaço livre de criminalidade, transformando-o em um parque para skate. No Chehalem Skate Park, em Newberg, Oregon, um eixo e um cubo de roda de caminhão ganharam nova utilidade como um obstáculo para giros. A prática de utilizar madeira, tijolos quebrados, carcaças de automóvel e outros detritos industriais descartados está arraigada na cultura do skate.

Aprenda com esses arqueólogos urbanos: reúna materiais recuperáveis e construa uma área de lazer que seja segura e útil. A reciclagem não precisa ser careta.

54 Pronuncie "Nuclear" Corretamente

Aproximadamente 3 milhões de americanos vivem a menos de 15 km de uma usina de energia nuclear.	CUSTO	TEMPO	ESFORÇO	IMPACTO
	0	15 min		

Custo nuclear

Tentar manusear e armazenar de maneira segura o combustível nuclear gasto representa cerca de 5% do custo total da produção de eletricidade a partir da energia nuclear

Primeira coisa: "nuclear" não se pronuncia "new-cue-ler", nem "new-cler" [em inglês]. Como é muito provável que essa palavra enrole cada vez mais línguas nos próximos anos, é melhor deixar isso claro desde já.

Antigo desafeto dos ambientalistas que associam usinas nucleares a cenários catastróficos (com o respaldo de acontecimentos reais em Three Mile Island e Chernobyl), essa fonte de energia atômica tem sido vista de modo diferente por alguns de seus velhos inimigos, que se perguntam se ela pode ser uma solução de curto prazo para os problemas de diminuição de fontes de petróleo e do aquecimento global. Cuidado com essa moda.

À primeira vista, o apelo da energia nuclear como ferramenta para interromper o aquecimento global pode parecer simples e persuasivo: não é um combustível fóssil e não produz carbono – sem considerarmos a mineração de urânio e a construção dos reatores –, tornando-o um método possível para controlar as emissões de CO_2.

Mas ainda existem alguns problemas a serem resolvidos: o risco de derretimento das usinas, onde armazenar o lixo radioativo (que demora 10 mil anos ou mais para se decompor), a possibilidade do plutônio cair nas mãos de terroristas. Além disso, há o fato de que o urânio não é uma fonte renovável, custa caro e seu processo de extração da terra é prejudicial ao meio ambiente. (A estimativa de reservas de urânio varia.)

Pesquisadores do Natural Resources Defense Council (NRDC - Conselho de Defesa dos Recursos Naturais dos EUA) calculam que para que a energia nuclear substitua a energia à base de combustível fóssil o suficiente para fazer alguma diferença significativa no aquecimento global, a produção de energia nuclear mundial teria de dobrar por volta de 2050 e se manter nesse volume de produção por pelo menos 50 anos. Mesmo assim, esse aumento maciço de energia atômica, afirma o NRDC, só impediria o aumento de 0,2°C na temperatura.

É claro que 1/5 de alguma coisa é melhor que nada. Mas está longe de ser uma mudança animadora. A energia nuclear vale o custo?

Muitos acham que não. Ainda não se chegou a um consenso, mas uma coisa é certa: o debate acerca desse tema irá continuar por muitos anos.

55 Escolha o seu Combustível

Se 1 milhão de carros passasse a usar biodiesel, eliminaríamos 5,2 milhões de ton de CO_2 por ano.	CUSTO	TEMPO	ESFORÇO	IMPACTO
	US$ 0,80/ L ou mais	5 min		

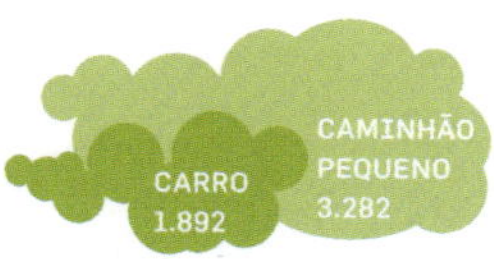

média de litros de combustível consumidos por ano por veículo

Um minuto de silêncio para o petróleo, por favor. Praticamente tudo à nossa volta foi feito com o poço de energia barata e abundante aberto no século XIX.

Cientistas loucos e investidores estão ocupados tentando desenvolver o sucessor do petróleo. Etanol feito de *switchgrass* e cânhamo, biodiesel de algas e sobras de gordura animal, hidrogênio geotérmico, maré-motriz, hidrato de metano – é o suficiente para deixar seu tanque com uma crise de identidade.

Toda opção de combustível alternativo tem prós e contras, e o impacto ambiental varia. Por exemplo, os biocombustíveis parecem ser neutros em carbono: as plantas absorvem o CO_2 conforme crescem e o liberam quando são queimadas. No entanto, é necessário energia para o plantio, a colheita, o cozimento e a distribuição do combustível.

Se fôssemos realmente espertos, investiríamos o máximo de combustível fóssil em turbinas movidas a vento e painéis solares. O melhor combustível é aquele que não precisa ser queimado.

O combustível certo pode mudar conforme a tecnologia avança. Foi dada a largada!

4.427 kg de CO_2
são emitidos em média todo ano por um único carro movido a gasolina

O PLACAR ATÉ AGORA

BIOCOMBUSTÍVEIS *etanol, biodiesel, metano*

✓✓		✗✗	
	Praticamente tudo orgânico – incluindo o lixo – pode ser transformado em combustível		Subsídios altos Cria um dilema "combustível *versus* comida" Alto custo ambiental para o cultivo

ELETRICIDADE

✓✓		✗✗	
	Geração centralizada torna a captura de carbono mais fácil Infra-estrutura existente Muitas fontes sustentáveis		Você precisa comprar um novo carro elétrico A tecnologia das baterias restringe o alcance e o tempo de recarga Muitas fontes insustentáveis

H 1.0079 HIDROGÊNIO

✓✓		✗✗	
	Uma nova forma de olhar para a energia O dejeto é água Alta eficiência quando usado em células combustível *Carbon free* se produzido a partir de fontes renováveis		Atualmente feito de gás natural, além de muito CO_2 Pode levar décadas até que a tecnologia amadureça Preço da infra-estrutura: US$ 500 bilhões

COMBUSTÍVEIS JURÁSSICOS *carvão, gás natural, metano, petróleo*

✓✓		✗✗	
	Grandes quantidades ainda estão disponíveis Grande infra-estrutura maciça e base de veículos existentes		Grandes contribuições para o aquecimento global A extração é problemática A política petroleira é ainda pior

56 Opte por um “Carro a Fritura”

Mais de 3,5 milhões de litros de combustível poderiam ser feitos a partir do óleo vegetal descartado pelos mais de 2.600 restaurantes de São Francisco.

CUSTO	TEMPO	ESFORÇO	IMPACTO
US$ 500 ou mais	40 h		

Como o óleo vegetal lubrifica mais que o óleo comum, o motor dura mais e fica mais silencioso.

É um admirável mundo novo para o tanque do seu automóvel. Há o hidrogênio, o gás natural e até a energia gerada na frenagem do carro que recarrega as baterias dos veículos híbridos. Mas nenhum combustível parece ser tão admirável quanto o óleo vegetal.

Se você gostava de Lego quando criança, então possui as habilidades necessárias para converter um

veículo movido a óleo vegetal descartado (WVO – *waste vegetal oil*) pelos restaurantes. O grande truque é aquecer o óleo antes de injetá-lo no motor – um tanque aquecido no porta-malas resolve. Você também vai precisar garantir um fornecedor constante de óleo usado – os restaurantes chineses são uma boa fonte –, e então precisará filtrá-lo e se habituar a um leve cheiro de fritura.

Se essa transição para o óleo de fritura é uma mudança muito radical para você, experimente o biodiesel, um combustível feito de produtos de origem animal e vegetal em vez de petróleo. Tanto o biodiesel como o óleo vegetal são geralmente vistos como combustíveis *carbon free*; apesar de liberarem carbono quando são queimados, esse carbono é absorvido pelas plantas, o que significa que você não está jogando carbono fóssil na atmosfera. Há discussões a respeito disso. O biodiesel queimado também é mais limpo – praticamente sem enxofre e com menos monóxido de carbono.

O biodiesel pode ser feito com tudo, desde óleo de canola até sobras de gordura animal e algas, mas a forma mais pura, correta e *carbon free* é o carro movido a óleo vegetal usado (inscreva-se em www.fillup4free.com para ver as fontes).

Todo carro a diesel pode ser convertido em carro a fritura (ou *frybrid*), mas antigos modelos de Mercedes são uma escolha popular. A imagem de eu-tinha-dinheiro-trinta-anos-atrás também não faz mal a ninguém. Esteja preparado para pagar pelo menos US$ 2.000 por um velho Mercedez Benz. Kits de conversão para óleo vegetal custam pelos menos US$ 500. Algumas oficinas são especializadas nesse tipo de conversão; uma instalação completa custa pelo menos US$ 1.500.

Lembre-se de entrar em contato com o mercado de biodiesel antes; é melhor garantir fontes de combustível e se familiarizar com outros problemas potenciais. Essa tecnologia funciona melhor para pessoas que gostam de mecânica; esteja preparado para passar algum tempo sob o capô.

1,7 bilhão

de quilos de banha produzidos pelos restaurantes americanos por ano renderiam 1,8 bilhão de litros de biodiesel, o que corresponde às necessidades automobilísticas dos EUA por 1,4 dia.

Para mais informações, visite www.greasecar.org

57 Pegue Chuva

Se 1 milhão de americanos usasse barris para captar água da chuva, coletaria o suficiente para o uso diário de mais 1 milhão de pessoas.	CUSTO	TEMPO	ESFORÇO	IMPACTO
	US$ 50	30 min		

Reformando a garagem? Procure um piso permeável, que filtra água absorvida pelo solo em vez de jogá-la na sarjeta.

Os cientistas falam de mudança climática em vez de aquecimento global porque o aumento das temperaturas também vai afetar os padrões de vento e chuva.

Ao mesmo tempo em que muitas regiões ficarão mais secas, incluindo vastas áreas da África e da Ásia, é provável que a maior parte dos EUA passe a ter mais chuva. Parece bom, exceto pelo fato de que muitas regiões já não têm como lidar com a quantidade de chuva que recebe. A água pluvial que lava telhados e estradas vai ao encontro de córregos com tanta força que pode romper barragens, leitos fluviais e infra-estrutura.

A água pluvial pode causar um estrago duplo. Em vez de encharcar o solo, de onde pode lentamente reabastecer rios e lagos, gerando vida em vez de tirá-la, altos níveis de água de chuva suja e de alto impacto podem percorrer a superfície e espalhar poluentes. Combinada com a diminuição dos lençóis d'água, ela prejudica o ecossistema e ajuda a explicar por que mais de 40% dos rios e lagos americanos são impróprios para banho ou pesca.

É provável que o problema piore conforme aumentam as mudanças climáticas. A solução é deliciosamente simples: diminua o ritmo da água para que ela possa ser absorvida pela terra, que a filtra e armazena.

Falta de água

1,1 bilhão
de pessoas não têm acesso a água potável segura

2,3 bilhões
esta é a estimativa da quantidade de pessoas que viverão em países afetados por problemas de escassez de água doce constante ou recorreconte.

PLANTE UM JARDIM TROPICAL Se você tem muito escoamento, um jardim tropical pode ajudar a controlar a enchente. As gramíneas têm raízes muito superficiais, o que limita sua capacidade de absorver e filtrar o escoamento. Siga a água na próxima tempestade e descubra onde ela se aloja. Cave uma leve depressão para contê-la. Escolha plantas perenes e arbustos nativos e de raízes profundas para ajudar o solo a absorver a água rapidamente. Diferentes plantas funcionam melhor em diferentes regiões – uma rápida pesquisa na internet ou um telefonema para um agente de alguma faculdade de agronomia podem fornecer uma boa lista.

2.271 L podem ser coletados de um telhado de 300 m² coberto com 2,5 cm de água da chuva.

PLANTAS PARA JARDINS TROPICAIS POR REGIÃO DOS EUA		
NORDESTE	✓✓	Sabugueiro, "silky dogwood" (*Cornus amomum*), "Joe-pye weed" (*Eupatoriadelphus maculatus*), asclepiadáceas
OESTE	✓✓	"Monkeyflower" (*Mimulus aurantiacus*), choupo-do-canadá, mirtilo, "Pacific Bleeding Heart" (*Dicentra formosa*)
SUDESTE	✓✓	Samambaias, "giant coneflower" (*Rudbeckia maxima*), sabal-anão, "possumhaw" (*Ilex decidua*), cipreste calvo

INSTALE UM BARRIL PARA A CHUVA Opte por um barril grande, limpo e de plástico – uma lata de lixo funciona em uma emergência, mas é melhor comprar um modelo feito para esse propósito ou construir um. (Instruções de como fazer você mesmo em www.raingardens.org/docs/rainbarrel.pdf.) Muitas cidades compram barris por atacado e vendem aos moradores por preços reduzidos.

58 Leia o Rótulo

Se 1 milhão de pessoas se mudasse para casas com certificado de eficiência energética, eliminaríamos cerca de 5,6 milhões de ton de CO_2 por ano	CUSTO	TEMPO	ESFORÇO	IMPACTO
	0	1 min		

Se você quer ser um consumidor verde e responsável, precisa saber o que está comprando. Isso significa ler os rótulos. O problema é: alguns rótulos não são muito confiáveis. Mas saber quais são legítimos é essencial para assegurar que as suas ações realmente façam a diferença.

As fontes dos rótulos ecológicos que aparecem em muitos produtos podem ser governamentais ou privadas. Nenhum dos dois é garantia de autenticidade. Eis um resumo dos mais comuns.

ENERGY STAR Esse logo cursivo tem sido um amigo tanto do consumidor quanto da indústria desde que a Agência de Proteção Ambiental dos EUA (EPA) aprovou a primeira linha de produtos Energy Star em 1992. Começando com computadores, essa marca agora certifica aparelhos elétricos, sistemas de refrigeração e até prédios que economizam energia. **Confiabilidade:** **Excelente**

FAIR TRADE CERTIFIED Mais que uma força pela justiça econômica para os pequenos fazendeiros dos países em desenvolvimento, os padrões Fair Trade – transmitidos por um grupo em Bonn, Alemanha – incentivam métodos de cultivo sustentáveis e eliminam uma dúzia dos pesticidas mais perniciosos. **Confiabilidade:** **Excelente**

GREEN SEAL Desde 1989, esse respeitado padrão de responsabilidade ambiental mantém o rigor científico e a transparência pública estabelecendo um consenso entre os interessados e a indústria. O Green Seal oferece um certificado a uma vasta gama de produtos, que engloba desde tintas até janelas e alojamentos.
Confiabilidade: Excelente

LEED Um edifício agraciado com a desejada indicação da LEED (Leadership in Environmental Energy and Design - Liderança em Energia e Design Ambiental) está de acordo com os padrões de confiabilidade aplicados pelo U.S. Green Building Council (Conselho de Construção Ecológica dos EUA). Em pouco tempo, a fórmula de sucesso da indicação pode se estender para a indústria da saúde.
Confiabilidade: Excelente

USDA ORGANIC O rótulo "orgânico" é afixado em muitos produtos que podem não ser merecedores (Nem vamos entrar no mérito dos rótulos "natural" e "saudável"). O padrão USDA (United States Department of Agriculture - Departamento de Agricultura dos EUA) de alimentos produzidos de maneira sustentável e livres de componentes químicos é um dos melhores que existem, mas recebe críticas por não conseguir definir adequadamente a dimensão da área destinada a um frango caipira. **Confiabilidade:** Boa

SUSTAINABLE FORESTRY INITIATIVE Os padrões que estão por trás desse rótulo – criado pela American Forest and Paper Association (Associação Americana de Florestas e Papel) – são tão rígidos quanto a Mary Poppins. De depósitos de madeira a fabricantes de papel, todo madeireiro está autorizado a usar "com prudência" produtos químicos como herbicidas em florestas e desmatar 120 acres. Ambientalistas especializados em árvores preferem o selo de aprovação do FSC (Forest Stewardship Council - Conselho de Manejo Florestal). **Confiabilidade:** Baixa

Para mais informações, visite www.eco-labels.org

59 A Cor Verde é o Novo Preto

Se 1 milhão de pessoas lavasse suas roupas com água fria ao invés de quente, eliminaríamos 250 mil ton de CO_2 por ano e as cores ficariam mais vivas.

CUSTO	TEMPO	ESFORÇO	IMPACTO
US$ 20 ou mais	30 min		

ANTES

O que acontece com os produtos químicos usados para tingir aquele vestido vermelho tão vibrante? Eles penetram nos suprimentos de água. Prefira roupas tingidas com corantes totalmente naturais.

LAVAGEM A SECO
O plástico que embala a sua jaqueta lavada a seco não é o único sinal de perigo – 85% das lavadoras a seco usam percloroetileno, produto químico que tem sido relacionado ao câncer e a problemas de reprodução.

BOTAS
O Fonzie podia ser *cool*, mas seu caso de amor com o couro causava arrepios à Mãe Terra. Ácido tânico, formol e outros produtos químicos são adicionados ao couro cru para impedir que ele se deteriore na sua pele.

TECIDO
O nylon e o poliéster absorvem combustíveis fósseis durante sua manufatura. Esses tecidos sintéticos são uma gafe *fashion* – em vez disso, procure o poliéster reciclado, como o Capilene, na Patagônia, ou tecidos 100% naturais.

MÚSICAS
Você está ouvindo seu *discman* dos tempos da escola quando de repente aquela música do Air Supply é cortada! Pilhas não-recarregáveis estão totalmente fora de moda; se você jogá-las fora, vai adicionar mais mercúrio, zinco, lítio e cádmio ao aterro.

DEPOIS

TECIDO

Além de ser supermacia e envolver o corpo da forma mais elegante, uma camisa com tecido de bambu não só é linda, como também não precisa de pesticidas e se regenera naturalmente.

JÓIAS

Quando você compra jóias feitas à mão, está apoiando empresas que não jogam poluentes no meio ambiente em enormes quantidades e em escala industrial.

SUPORTES VERDES PARA COPOS

Apesar de os suportes dos copos de café serem recicláveis, faça ainda melhor usando o seu próprio suporte chique e reutilizável.

CINTO

Usar um cinto de cânhamo é bonito, e saber que ele reduz o desmatamento vai fazer você se sentir ainda melhor.

JEANS

O brim é feito de algodão, a plantação mais rica em pesticida que existe. Dá coceira só de pensar! Procure jeans de algodão orgânico.

SALTO ANABELA

Calçados, de couro ou sintéticos, muitas vezes não são biodegradáveis. Experimente investir em sapatos que usem couro de curtimento vegetal ou materiais orgânicos, como a lona ou o algodão. E quando eles estiverem gastos, experimente trocar a sola em vez de comprar um novo par.

ROUPAS

Roupas recicladas tiram da equação o material têxtil descartado e os custos com energia. Roupas, acessórios e especialmente bolsas *vintage* (quanto mais retrô melhor) formam um estilo único.

Os nove produtos de higiene pessoal que um adulto médio usa contêm 126 produtos químicos.

Para mais informações, visite www.greenfibres.com

60 Informe seus Amigos

Uma das medidas das iniciativas de contenção de carbono da Universidade de Princeton representa a redução de 1 bilhão de ton de carbono em 50 anos.

CUSTO	TEMPO	ESFORÇO	IMPACTO
0	15 min ou mais		

De acordo com uma pesquisa de 2005, 82% dos americanos usam a TV como principal fonte de informação sobre os problemas do meio ambiente.

Lutar contra o aquecimento global não é só uma questão de mudar os seus hábitos em relação ao uso da energia e ao consumo. Também é fazer com que os mercados, as instituições e os governos mudem os deles. Se a reforma não acontecer em grande escala, as pequenas coisas que você fizer em casa serão só uma brincadeira.

Sua tarefa é espalhar algumas estratégias ricas em conceitos e pobres em carbono nas conversas do dia-a-dia. Seus amigos balançam a cabeça como se já tivessem ouvido isso antes? Está começando a funcionar! Repita conforme a necessidade; você saberá que seu trabalho estará concluído quando os presidentes de grandes empresas e líderes mundiais estiverem lidando com as grandes questões sem a sua ajuda. Aqui estão as principais questões práticas em pauta que mantêm os *nerds* da energia acordados à noite.

INICIATIVAS DE ESTABILIZAÇÃO DE PRINCETON Grandes problemas pedem grandes soluções e o "jogo das iniciativas" mostra quão grande precisamos pensar. Ele nos desafia a estabilizar as emissões de gás que contribuem com o efeito estufa nos próximos 50 anos montando as peças do grande quebra-cabeça: aumento da eficiência; substituição de combustível; captura e armazenagem de carbono; energia nuclear; eletricidade à base de hidrogênio, eólica e solar; biocombustíveis e poços naturais de carbono.

AUMENTAR OS PADRÕES DE ECONOMIA DE COMBUSTÍVEL A economia de combustível dos EUA é bem insignificante se comparada à da Europa e do Japão, apesar de as mesmas empresas automotivas competirem nos mesmos mercados. A diferença é a covardia reguladora. Eleja governantes que pisem no freio dos bebedores de gasolina.

PADRÕES GOVERNAMENTAIS DE RENOVAÇÃO Vinte estados impuseram datas limite para que as empresas de serviço público utilizem uma porcentagem mínima de energia de fontes renováveis. O seu estado tem um padrão mínimo? Ele é alto o suficiente? O percentual nacional atualmente está entre 2 e 3%. 20% até 2020, com aumento de 1% por ano depois disso, é agressivo, porém inatingível.

CRESCIMENTO INTELIGENTE Os locais para trabalho, as compras e as pessoas – e como estão conectados – têm um impacto duradouro no uso da energia. Defenda um crescimento inteligente na sua comunidade.

MODELOS DE RECURSOS DE ENERGIA EFICIENTES Estabeleça padrões de eficiência e conservação para os serviços públicos, o que vai acabar com a necessidade de centenas de usinas de carvão para geração de energia. Melhore os parâmetros de eficiência na utilização de energia de aparelhos eletrônicos e construções.

CAPTURA E ARMAZENAGEM DE CARBONO Também conhecido como seqüestro, a idéia é pegar o carbono da atmosfera e armazená-lo profundamente no subterrâneo. Necessita aperfeiçoamento e só pode ser feito em escala industrial.

ACABAR COM OS SUBSÍDIOS AOS COMBUSTÍVEIS FÓSSEIS Atualmente, quem lucra com o petróleo, o carvão e o gás natural engorda suas finanças com créditos fiscais e contratos federais baratos.

INCENTIVOS CONSISTENTES PARA PESQUISA DE ENERGIA RENOVÁVEL Fortes oscilações nos créditos fiscais federais para energia eólica têm dificultado o crescimento da indústria, enquanto uma abordagem igualmente parecida com uma montanha-russa tem atrasado a pesquisa do etanol de celulose. Tarifas de fornecimento de energia renovável obrigam os serviços públicos a pagar um preço fixo por este tipo de energia, o que ajudaria a estabilizar a indústria.

TRIBUTE OS RICOS (EM CARBONO) Isso é discutido pelos economistas o tempo todo, mas alguns deles atualmente acreditam que precisamos de um aumento significativo sobre a gasolina, cuja renda seria revertida em pesquisa sobre energia renovável e infra-estrutura de trânsito. Outra opção: uma interrupção agressiva, com vastas implicações econômicas nas emissões de carbono e o estabelecimento da comercialização de créditos de carbono, que permitiria ao mercado decidir qual é a melhor abordagem em termos de custo-benefício.

VOTE 80% dos americanos concordam com a frase "é minha responsabilidade ajudar a reduzir o impacto do aquecimento global". Mas essa opinião só tem peso se os seus representantes de fato representarem você.

Para mais informações, visite www.princeton.edu/~cmi/

61 Vote

Mais de 63 milhões de votos foram registrados na final do *American Idol* em 2006. Não é tão difícil assim.	CUSTO	TEMPO	ESFORÇO	IMPACTO
	0	10 min		

Políticos locais podem fazer a diferença. Nos EUA, mais de 450 prefeitos assinaram um Acordo de Proteção Ambiental em que suas cidades se comprometem a alcançar ou superar as metas do Protocolo de Kyoto. Em Londres, o prefeito Ken Livingstone anunciou um ambicioso programa para reduzir as emissões de carbono da cidade em 60% em até 20 anos.

Antes parecia que se você não votasse nas eleições, não seria o fim do mundo. Agora, pode vir a ser.

Sem governos comprometidos com a proteção do planeta, há um limite do que pode ser feito por nós, indivíduos. Precisamos de (tambores rufando)... representantes eleitos! Isso fez maravilhas pelos Direitos Humanos.

Se há alguma coisa que aprendemos neste século foi que cada um dos votos conta. Mas para quem? Legendas partidárias não são um modelo à prova de enganação quanto à verdadeira postura de um candidato em relação ao aquecimento global. Alguns candidatos podem dizer as coisas certas a princípio, mas quando se pede para ouvir detalhes, descobre-se que é apenas fogo de palha. O que é irônico, se pensarmos a respeito.

UTILIZE AS DEZ PERGUNTAS DESTE QUESTIONÁRIO PARA TESTAR O SEU POLÍTICO

1) Verdadeiro ou falso? Você é a favor de uma redução geral das emissões de gás do efeito estufa ou de uma diminuição do ritmo de seu crescimento. V F

2) Você acredita que os EUA precisam reduzir suas emissões responsáveis pelo aquecimento global entre 60 e 80% até 2050? S N

3) Verdadeiro ou falso? Reciclagem para você é rasgar todas as regulamentações que protegem o meio ambiente. V F

4) Você apóia incentivos fiscais para aumentar o número de casas e edifícios verdes? S N

5) Você é a favor de incentivos ou subsídios que permitam que a energia alternativa compita com a energia de combustíveis fósseis? S N

6) Verdadeiro ou falso? A lista de espécies em risco de extinção deveria vir com algumas receitas nutritivas. V F

7) Você apóia subsídios para plantações que possam ser transformadas em biocombustível? S N

8) Qual é o rendimento padrão que um carro deveria atingir?
   8,5 km/L   15 km/L   19 km/L   31,5 km/L

9) Os EUA deveriam:
   a) assumir a liderança dos esforços internacionais para reduzir a poluição responsável pelo aquecimento global
   b) continuar a emporcalhar o planeta e deixar que os outros se preocupem com as conseqüências

10) Da lista a seguir, faça um círculo nas três estratégias mais eficientes para lidar com o aquecimento global:
   a) Participar dos tratados ambientais internacionais
   b) Desafiar os poluidores a reduzir suas emissões
   c) Escrever leis que limitem a liberação de CO_2
   d) Esperar por uma liga de super-heróis
   e) Educar o público
   f) Distribuir guarda-chuvinhas para coquetéis gratuitamente

Vote no candidato com mais respostas certas: (1) V; (2) S; (3) F; (4) S; (5) S; (6) F; (7) S; (8) 31,5 km/L; (9) A; (10) A, C, E.

75% dos americanos acreditam que o governo deveria restringir as emissões de carros e fábricas para reduzir o aquecimento global.

62 Mude para Estocolmo

Se 1 milhão de americanos reduzisse suas emissões na mesma medida que Estocolmo, eliminaríamos cerca de 1,3 milhão de CO_2 por ano.

CUSTO	TEMPO	ESFORÇO	IMPACTO
impostos	1 dia		

Um lugar com ar puro, verão quase constante e lindo mobiliário: precisa de mais argumentos para se mudar para lá? Estocolmo pode ser a cidade mais avançada em termos de meio ambiente da Europa. Coloque o essencial na mala, calce uns tamancos e faça parte da revolução verde da Escandinávia.

A capital da Suécia, com uma população de 750 mil habitantes, já reduziu 17% das suas emissões de gases-estufa desde 1990, mas esses suecos superempreendedores continuam aumentando as apostas. A cidade agora tem um plano de se livrar do combustível fóssil até 2050. Como se não bastasse, eles já estão tentando alcançar a meta em alguns setores – sistema de calefação e transporte público – 30 anos antes do esperado.

A Suécia cortou o uso de combustível fóssil, de 70% da energia de 1970 para os atuais 30% e fortaleceu sua fé nos biocombustíveis, como o etanol e o biogás. Mais de 70% do sistema de calefação de Estocolmo já é fornecido por eles, e uma antiga usina de carvão foi convertida para ser movida inteiramente a biocombustível. Até 2009, todos os postos de abastecimento na cidade terão de vender pelo menos um tipo de combustível renovável, e até 2020, toda a frota de ônibus de Estocolmo será movida a combustíveis renováveis.

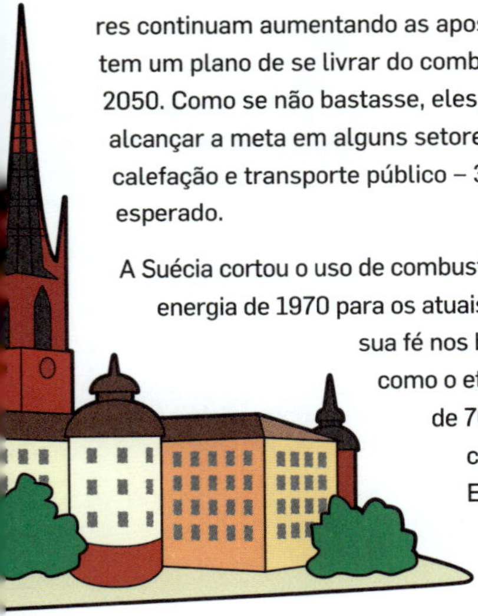

Existem planos, ainda em fase de implantação, que visam converter todo o lixo orgânico da cidade em biogás. Com isso, seria possível abastecer os veículos municipais e um sistema de balsas para os canais da cidade. E não é só Estocolmo: há mais de 15 anos atrás, a Suécia foi um dos primeiros países do mundo a tributar as emissões de CO_2, e vai continuar aumentando os impostos até o fim desta década. Os fundos dos impostos sobre a energia representaram 10% da receita do país em 2004.

Pensando bem, se todos fugíssemos para lá, os bons cidadãos locais jamais conseguiriam atingir suas metas. Aqui está uma idéia melhor: incentive políticas progressistas na sua própria cidade!

Cidades com síndrome de Estocolmo

Boulder, Colorado
Os eleitores de lá recentemente aprovaram o primeiro "imposto ambiental" dos EUA.

Chicago, Illinois
Cidade americana com o maior número de "telhados verdes", mais de 1 milhão de acres de jardins de cobertura.

Copenhagen, Dinamarca
68% dos trabalhadores usam bicicletas ou transporte público, e Copenhagen oferece bicicletas gratuitas para passeios pelo centro da cidade.

Londres, Inglaterra
A cidade, que se orgulha de uma prefeitura inovadora e que faz uso inteligente da energia, tem um plano multifacetado de reduzir as emissões de CO_2 em 60% até 2025.

Portland, Oregon
Antiga líder em sustentabilidade, essa cidade usa o metano do tratamento de água de reúso para gerar eletricidade.

Para mais informações, visite www.trendsetter-europe.org

63 Ande de Trem

Se 1 milhão de pessoas usasse o trem em vez do carro para ir ao trabalho, eliminaríamos 1,2 milhão de ton de CO_2 por ano.	CUSTO	TEMPO	ESFORÇO	IMPACTO
	US$ 2 ou mais	20 min		

1.600 km

em deslocamentos produzem quantos quilos de CO_2 por passageiro?

Transporte de massa: 118 kg

Trem intermunicipal: 204 kg

Carro econômico: 267 kg

Jato: 440 kg

Utilitário esportivo: 712 kg

Jatos logo serão chamados de assassinos da atmosfera, dinossauros produtores de CO_2. O que um viajante pode fazer? Correr mundo afora? Ir ao casamento dos parentes em Chicago de bicicleta?

Que tal tomar o trem? Trens são o meio de transporte de impacto ecológico mais baixo para percorrer longas distâncias. Além de serem mais eficientes em termos de consumo de energia do que carros e aviões, as ferrovias são o antídoto perfeito para a expansão suburbana. Os trens tendem a organizar padrões de assentamento humano em torno de cidades que respeitam o trânsito e que podem ser percorridas a pé ou de bicicleta, enquanto viagens pelo ar ou pelas estradas tendem a incentivar o contrário.

Há apenas 60 anos atrás, os EUA tinham um dos melhores sistemas de trem interestadual do mundo. Viagens a jato, o sistema de rodovias interestaduais e o êxodo para bairros voltados para o uso de carros mudaram isso.

Hoje, a pobre e encurralada companhia ferroviária americana Amtrak é excluída dos fundos pelos membros do Congresso, que insistem que o sistema de ferrovias do país obtém lucro enquanto entregam bilhões de dólares em subsídios para rodovias e companhias aéreas. A negligência ao sistema de ferrovias dos EUA tornou-se tão severa que trens de passageiros são praticamente inúteis em muitos lugares – e são forçados a parar e esperar nos trilhos enquanto vagões de carga passam. O resultado é que os trens da Amtrak freqüentemente chegam com horas de atraso em viagens de longa distância.

Não precisa ser assim. A rede ferroviária tem potencial para reduzir essa diferença para o futuro. O TGV da França recentemente alcançou um recorde de velocidade de 574,5 km/h . O Japão está testando trens de levitação magnética, ou MagLev, quase sem atrito que levitam 10 cm acima do trilho e atingem velocidades de 483 km/h ou mais utilizando relativamente pouca energia e nenhuma mecânica. Na Alemanha, quando o avião pousa no aeroporto internacional de Frankfurt, há um trem a cada 15 min para a estação central, onde é possível tomar outro trem para praticamente qualquer lugar no país. A bordo, você pode plugar seu *laptop*, a comida é boa, e há espaço suficiente para se movimentar.

Os EUA também poderiam ter tudo isso. O trem poderia voltar a ser a maneira mais rápida, agradável e ecológica de viajar pelo país. Não seria necessário um milagre tecnológico para realizar isso. Nós temos o *know-how*. Só precisamos da vontade política. Comece com uma viagem de trem. Pode ser ótimo. Ou pode ser tão ruim que você vai sentir vontade de tomar uma providência.

Quilo por quilo, como o trem se compara ao jato, em termos de emissão de CO_2? Se você incluir as viagens de táxi para ir ao aeroporto e voltar dele, um vôo de ida e volta entre Boston e Washington D.C. gera 352 kg de CO_2 por passageiro. Fazer a mesma viagem pela Amtrak Metroliner produz apenas 163 kg de CO_2.

64 Faça Lobby no Hotel

Se 1 milhão de pessoas usasse apenas um jogo de lençóis por semana, economizaríamos 5,6 milhões de litros de água.

CUSTO	TEMPO	ESFORÇO	IMPACTO
0	5 min		

Típicos crimes cometidos por hóspedes

Colocar o ar condicionado no máximo

Deixar todas as luzes acesas

Surrupiar os artigos de higiene pessoal (o que força o aumento da produção)

Estratégias para redução da culpa

Para hotéis pouco conscientes, forneça seus próprios cartões de "economize toalhas e lençóis", disponíveis em greenhotels.com/catalog/traveler.htm

Pare de colecionar miniaturas de xampu e creme.

Escolha hotéis com janelas que possam ser abertas e salve o mundo do ar condicionado.

Com que freqüência você troca sua roupa de cama? Quantas toalhas você usa por dia? Não são três. Então, por que você precisa de novas roupas de cama e banho para cada chuveirada, soneca e noite de sono?

Cerca de 300.000 L de água (e 5 ton de desperdício) são gerados anualmente por cada quarto de hotel.

Multiplique isso por 3,3 milhões – o número de quartos de hotéis americanos em uso num dia comum – e teremos um grande problema. A menos que você seja um viajante que pratica luta na lama, há uma maneira simples de fazer a diferença: use a mesma roupa de cama e banho por três dias, e pronto, 66% das emissões relacionadas à lavanderia foram economizadas.

O InterContinental, a maior rede de hotéis do mundo (proprietária do Crowne Plaza e do Holiday Inn), tornou-se ecologicamente consciente em 1990. Sua iniciativa se transformou na International Business Leaders Forum Tourism Partnership (Parceria dos Líderes Internacionais do Fórum de Turismo). Entre os membros fundadores estão o Marriot, o Four Season, Taj e o Starwood (Sheraton, W, Westin, St. Regis). Nota: o grau de consciência em relação ao carbono ainda varia entre propriedades individuais.

É fácil justificar a extravagância hoteleira – férias, ocasiões especiais, viagens de negócios. Infelizmente, as emissões são as mesmas. Bons hóspedes ajudam os hotéis a diminuir o termostato da Terra. Veja como ajudar.

$$$

O Marriot economizou US$ 4,5 milhões dos gastos em energia com seu programa de conservação.

ESCREVA PARA O GERENTE, USE A CAIXA DE SUGESTÕES E PEÇA QUE O HOTEL:

- Permita que você use o mesmo jogo de cama e banho
- Use produtos de limpeza ecológicos
- Use produtos de papel reciclado e não-alvejado
- Use embalagens de produtos de higiene e beleza recarregáveis
- Diminua o ar condicionado ou aquecedor em cômodos não ocupados
- Crie um programa de conservação de energia
- Doe ou transforme em adubo os restos de comida
- Use lâmpadas fluorescentes compactas
- Recicle
- Não imprima a conta, mande por e-mail

Esbanjamento no hotel

Todo dia, hóspedes de hotel gastam o dobro do seu consumo doméstico típico de água *per capita*.

Para mais informações, visite www.greenhotels.com

65 Prepare sua Mochila de Emergência

A previsão é que mudanças climáticas desloquem milhões de pessoas até 2050. Esteja preparado.

CUSTO	TEMPO	ESFORÇO	IMPACTO
US$ 30 ou mais	30 min	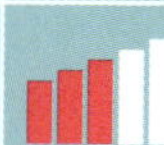	

Itens Essenciais

- Kit de primeiros socorros
- Documentos importantes (identidade, mapas, contatos para emergências, apólice de seguro)
- Suprimentos de comida não-perecível para três dias
- Água: pelo menos 3,5 L/pessoa/dia
- Necessidades especiais: pares extra de óculos e lentes de contato
- Rádio e lanterna (a www.redcrossstore.org vende bons modelos com AM/FM, informações meteorológicas da NOAA, lanternas, sirenes e carregadores de telefone celular acoplado)
- Fósforos e isqueiro a prova d'água
- Ferramentas: abridor de lata, canivete, alicates (para desligar o gás e a água)
- Escova de dente, objetos de higiene pessoal
- Dinheiro (notas pequenas, moedas para orelhões), cartões de crédito
- Apito de emergência

Não há nada mais embaraçoso que ser pego despreparado em catástrofes climáticas

Furacões, tornados, ondas de calor, enchentes, secas. As últimas tendências em desastre são difíceis de acompanhar. Tudo bem usar máscaras brancas? Qual é o número suficiente de lanternas de emergência? Este colete salva-vida me deixa gordo? Não deixe questões fundamentais como estas para o último minuto. Prepare sua mochila de emergência antecipadamente e encontre um estilo de sobrevivência que fique bem em você.

Pense na sua mochila de emergência como uma bolsa ou uma mala moderna de fim de semana que o mantenha vivo por três dias (esse é geralmente o tempo necessário para os serviços de resgate começarem a operar depois de desastres). Sua mochila de emergência é uma parte essencial do seu guarda-roupa e ela deve estar identificada, acessível e manuseável. Certifique-se de que todos na sua família sabem onde ela está guardada.

Para mais informações, visite www.72hours.org

66 Escreva para o Governo

Nos EUA, os políticos recebem cerca de 200 milhões de cartas e e-mails por ano.	CUSTO	TEMPO	ESFOÇO	IMPACTO
	US$ 0,39	5 min		

Prezado Deputado NOME :

Estou escrevendo esta carta para expressar minha preocupação com o aquecimento global, e pedir que o senhor tome uma atitude.

Como é do seu conhecimento, o Congresso aprovou NÚMERO INFERIOR A UM projeto de lei para combater o aquecimento global. Isso é SINÔNIMO PARA PÉSSIMO .

Já somos um dos principais poluidores do aquecimento global: os EUA lançam 7,8 bilhões de ton de poluidores responsáveis pelo efeito estufa por ano, um aumento de 16% desde 1990. Se não mudarmos nossos hábitos logo, seremos lembrados como os SUBSTANTIVO PEJORATIVO . do mundo.

Eu VERBO que o senhor apóie a legislação em favor do transporte público, aumento na eficiência do combustível e mais pesquisa para combustíveis alternativos. Também espero que o senhor apóie os conjuntos de leis recentes que garantam o corte de suas emissões de CO_2 em 80% abaixo dos níveis de 1990 até 2050. É o que NOME DO SEU FUNDADOR FAVORITO faria.

As mudanças climáticas podem afetar a todos nós. Por favor, ajude-me com a promessa de tratar dessa questão antes que seja tarde demais. Se o senhor não tomar uma atitude hoje, nosso futuro será uma ADJETIVO bagunça.

Atenciosamente, SEU NOME

Precisamos que o máximo de ações políticas aconteçam para impedir as mudanças climáticas. Para nossa sorte, não poderia ser mais fácil para um cidadão comum desbravar os enclaves do governo federal e influenciar seus representantes eleitos. Basta escrever uma carta!

Para mais informações, visite www.congress.org

67 Passe Adiante

Um exército de milhões de pessoas lutando contra as mudanças climáticas em suas próprias vidas é uma coisa boa. Convencer milhões de outras pessoas a participar é muito, muito melhor.

CUSTO	TEMPO	ESFORÇO	IMPACTO
0	10 s		

Você provavelmente não vai precisar pressionar muito seus amigos para que aceitem este livro. Uma mistura de sabedoria moral, estatísticas assustadoramente duras e cenários imaginários já provou ser suficiente: os três livros mais comuns nas bibliotecas do mundo são a Bíblia, o *Censo dos EUA* e *Mamãe Gansa*.

Dê este livro a um amigo

Ou para um estranho. Você não vai apenas multiplicar sua utilidade pós-consumo. Estará começando a ajudar a próxima geração a herdar um planeta que possam chamar de seu.

Para mais informações, visite www.payitforwardfoundation.org

ALERTA:
SE TUDO O MAIS FALHAR

Recorra às páginas seguintes apenas na eventualidade de um COMPLETO COLAPSO CLIMÁTICO

Estas estratégias de sobrevivência vão mantê-lo vivo em um planeta devastado. Elas contêm soluções e conselhos para situações extremas. Mesmo que seja tarde demais para impedir uma mudança climática, nunca é tarde demais para lutar por uma existência tolerável.

68 Compre um Camelo

Quando chega a hora de abastecer, um camelo pode ingerir mais de 110 L de água em 10 min.	CUSTO	TEMPO	ESFORÇO	IMPACTO
	US$ 500	1 dia		

Nenhum
litro de água é mantido nas corcovas (ou corcova, no caso dos dromedários). É a gordura, não a água, que fica lá.

Seu cachorro, gato, papagaio ou até jibóia podem parecer a companhia ideal para o mundo de hoje. Mas, num futuro não muito distante, o camelo pode ser a o animal de estimação perfeito para as mudanças ambientais do século XXI.

MANUTENÇÃO SIMPLES Quer o aquecimento global traga fome ou seca, seu camelo não terá problemas. Os camelos podem sobreviver por semanas sem comida nem água. Eles comem praticamente tudo, incluindo gravetos e couro. Como conseguem aumentar e diminuir a temperatura corporal, os camelos não suam tanto, o que mantém em seu corpo a maior parte da água que ingerem.

FONTE PARA ROUPAS Camelos são fonte de lã macia e quente com a qual uma variedade de tecidos pode ser feita. Casacos de pele de camelo, pessoal. Vamos lá!

ALTA EXPECTATIVA DE VIDA Um camelo típico pode chegar a viver 50 anos, o que supera de longe seu cachorro ou gato e só se compara a papagaios e chimpanzés.

FONTE DE ALIMENTO Assim como as vacas, os camelos podem fornecer leite para beber e também para a fabricação de iogurte e queijo. Mas o leite de camelo é mais nutritivo. Ele contém três vezes mais vitamina C do que o leite de vaca. Também é rico em ferro, ácidos graxos e vitaminas B. Alguns habitantes do Golfo Pérsico chegam a acreditar que é um afrodisíaco.

FONTE CONFIÁVEL DE TRANSPORTE Um camelo bem treinado não vai percorrer tantos quilômetros quanto seu carro híbrido, mas pode viajar uma média de 40 km por dia numa velocidade de aproximadamente 5 km/h. E mesmo sem um porta-mala, ele pode transportar uma carga de cerca de 270 kg.

MULTIÚSO A carne de camelo oferece uma fonte de proteína com baixo teor de gordura. Ela é exportada pela Austrália desde 1988 (os melhores cortes vêm da corcova).

Quando a desertificação chegar à sua vizinhança, sua família vai estar preparada. Uma dieta de leite fresco de camelo vai mantê-lo vivo por cerca de um mês.

Para mais informações, visite www.camelgate.com

SE TUDO O MAIS FALHAR

69 Garimpe o Aterro

1 milhão de ton de gás metano causa um aprisionamento de calor 23 vezes maior que a mesma quantidade de CO_2.	CUSTO	TEMPO	ESFORÇO	IMPACTO
	0	2 h		

Só porque é lixo não significa que tem de ser desperdiçado. Seu aterro municipal está cheio de produtos de consumo em condições de uso esperando para serem tirados do olhar implacável dos pássaros do lixão.

Existem milhares de aterros em atividade pelo mundo, então será facil encontrar o seu. É só ir em direção a um monte coberto de pássaros no horizonte, pular a cerca e escalar os montes até o topo. É lá que os carregamentos mais recentes estão.

Os EUA geram mais de 245 milhões de ton de lixo por ano, e mais da metade é queimada. Mas essa é apenas a ponta visível do "lixoberg": a energia usada para coletar, embarcar, refinar, manufaturar e transportar os produtos que se tornam lixo foi queimada junto.

De acordo com observadores, esse processo pode levar a um cenário absurdo: em pouco tempo pode se tornar mais fácil recuperar fontes de minerais nos aterros, do que extraí-las da terra. Atualmente, a quantidade de alumínio queimada nos lixões norte-americanos excede a quantidade existente nos depósitos naturais. E há mais ouro em 1 ton de peças descartadas de computador do que em 17 ton do minério em estado natural. É claro que a abordagem mais inteligente é não jogar tanta coisa fora, e sim encontrar utilidades locais ou enviar o que for possível para a reciclagem (veja a tática n. 53).

Mas, para resguardar a natureza, considere explorar seu aterro local.

De acordo com a Agência de Proteção Ambiental dos EUA, mais de 5% do que vai parar nos lixões está em condições suficientes de ser reutilizado. Isso significa 12,25 milhões de ton de móveis, equipamentos esportivos, aparelhos eletrônicos e outros produtos em perfeitas condições que são "enterrados vivos" todo ano.

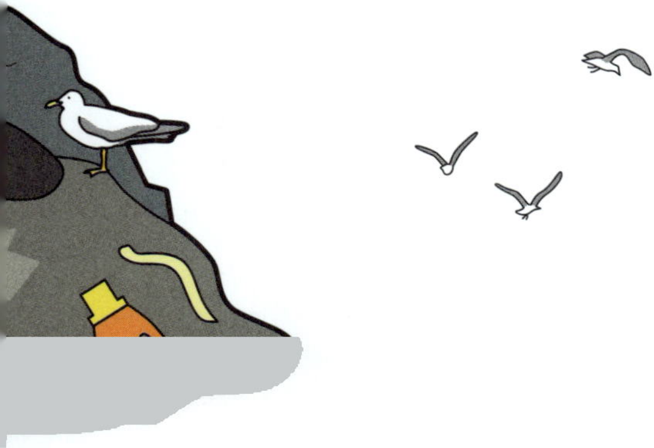

SE TUDO O MAIS FALHAR

Para mais informações, visite www.enviroalternatives.com/landfill.html

70 Combata o Calor

Se os níveis do efeito estufa na atmosfera atingirem a concentração de 550 ppm, a temperatura da Terra pode subir de 1,6 a 2,8°C até 2100.

CUSTO	TEMPO	ESFORÇO	IMPACTO
0	variável		

Em 2003, entre 35 e 44 mil pessoas morreram na Europa Ocidental por causa de uma onda de calor implacável no verão. Os cientistas estabeleceram que as emissões causadas pelo homem dobram as chances de uma onda de calor desse tipo. Até 2050, mais da metade dos verões da Europa poderão ser tão ruins ou piores.

CAVE

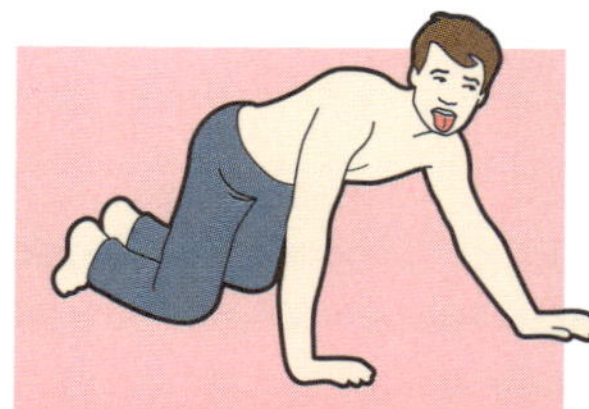
OFEGUE

RESPIRE POR UM BAMBU

TORNE-SE NOTÍVAGO

Talvez os céticos do clima estejam certos. Em vez de gastar tempo e dinheiro tentando impedir o aquecimento global, a melhor forma de reagir pode ser aprender a amar o novo clima tropical.

Afinal, como foi que nós, humanos, assumimos o controle deste planeta, para começo de conversa? Pelo nosso poder de adaptação! Nós vencemos a Era do Gelo. Sobrevivemos a pragas, enchentes e terremotos.

E daí se a Terra está esquentando mais rápido que em qualquer outra época nos últimos 10 mil anos? Quem tem medo de uma temperatura um pouco alta?

Essas quatro ações simples vão ajudá-lo a se manter confortável – mesmo depois de 2030, quando a temperatura média do planeta for entre 0,5 e 1°C mais quente do que é hoje.

CAVE Nós já vivemos em cavernas antes – não é motivo para vergonha ter de rastejar de novo. Cavar pode ser uma das melhores maneiras de se manter fresco: no verão, a temperatura subterrânea pode ser 16°C mais baixa que na superfície. Então pegue uma pá, você tem muito o que cavar. O seu buraco deve ter pelo menos 9 m de profundidade – e não se esqueça das entradas para ventilação, que não serão nada fáceis.

OFEGUE Os cientistas prevêem que até o fim do século as temperaturas globais podem chegar a subir 5,5°C. Ofegar bastante pode se tornar um bom método de resfriamento. Os humanos não foram feitos para ofegar (fomos feitos para suar – ou viver em harmonia com o planeta), mas adaptação é isso: estar à altura do desafio.

RESPIRE POR UM BAMBU Nada refresca tanto quanto um mergulho. Pegue um bambu curto (de até 60 cm), entre na água e aproveite para rir de todos que disseram que o aquecimento global seria o fim da vida que conhecemos.

TORNE-SE NOTÍVAGO Às vezes as melhores soluções são as mais fáceis. Reestruturar-se para uma sociedade noturna é uma solução fácil e barata.

Outra estratégia para se refrescar, desenvolvida por astrônomos com o apoio da Nasa, é lançar uma "nuvem" de trilhões de pequenos satélites da espessura de uma hóstia ao redor da Terra. Eles vão custar alguns trilhões de dólares, mas os guarda-sóis do espaço poderiam desviar cerca de 2% dos raios solares – o suficiente para compensar o aquecimento causado pela duplicação do CO_2 da atmosfera.

Para mais informações, visite www.climatecrisiscoalition.org

SE TUDO O MAIS FALHAR

71 Aprenda a Fazer Trocas

Estamos felizes em oferecer 1 milhão de tijolos em troca de 2 mil frangos ou ovelhas.	CUSTO	TEMPO	ESFORÇO	IMPACTO
	0	15 min		

Preparado para sua dose diária de estatísticas assustadoras? A produção de petróleo já chegou ao seu auge em mais de cinqüenta países, incluindo EUA, Líbia, Qatar e Omã.

Mais assustador
Um grupo cada vez maior de observadores da indústria acredita que a quantidade de petróleo produzido pela Arábia Saudita pode começar a diminuir em pouco tempo.

Mais assustador ainda
Até o governo americano acredita que é provável que a produção de petróleo mundial atinja seu máximo "em algum momento entre hoje e 2040".

Um dia, em um futuro não muito distante, as coisas vão parecer... difíceis. Falta de água, ausência de colheitas, pessoas desabrigadas e combustíveis fósseis escassos ou muito caros para abastecer o mundo. E depois?

Bem, se você tiver preparado um belo *portfolio* de soluções em energia alternativa, estaremos bem. Na remota situação de não estarmos prontos, vamos sucumbir ao pânico generalizado do planeta, à decadência econômica assustadora e talvez a uma última grande guerra por recursos antes de mergulharmos de cabeça em um mundo sem energia. Quando o mercado se esgotar, voltaremos ao modelo econômico de toma-lá-dá-cá: duas coisas minhas por três suas. É hora de testar seu poder de barganha.

Você terá de ser esperto quanto ao valor relativo das suas posses. Caso contrário, vai se confundir e fazer um mau negócio, como trocar uma peça de herança por uma barra de manteiga. Na falta de um meio de troca de larga aceitação, sua riqueza será diretamente proporcional ao seu carisma natural.

DICAS DE SOBREVIVÊNCIA PARA UM MUNDO SEM DINHEIRO

Cuspa nas suas coisas para fazê-las brilhar. Pequenos toques podem fazer a diferença entre uma boa troca e uma ótima troca.

Nunca faça uma negociação simplesmente porque disseram que o que você vai receber tem poderes mágicos. Pode até ter, mas é mais provável que você seja enganado.

Certifique-se de que a troca é boa antes de permutar galinhas, animais terrestres e sementes – esses itens têm muito mais valor a longo prazo do que se pode parecer a princípio.

Suspeite de qualquer um que tente convencê-lo a trocar tudo o que você tem por um meio de troca "emergente". Confirme com vizinhos e amigos antes de entrar para um novo esquema de "nova moeda". Eles também planejam adotar um novo sistema de valores? E as pessoas na vila seguinte? É um meio de troca escasso? É durável?

Infelizmente, não há muito a fazer se você for enganado – não vão existir Juizados Especiais Cíveis ou Câmaras de Comércio em uma economia de troca. A melhor opção é jurar vingança.

P: Quem disse isto?
"A produção de petróleo está em declínio em 33 dos 48 maiores países produtores."
R: Chevron

Para mais informações, visite www.barterco.com

SE TUDO O MAIS FALHAR

72 Crie Animais Selvagens

Prevê-se que as mudanças climáticas coloquem 1 milhão de espécies de animais e plantas em risco de extinção até 2050.	CUSTO	TEMPO	ESFORÇO	IMPACTO
	variável	40 dias ou mais		

Há 65 milhões de anos, nossos ancestrais mamíferos surgiram em cena depois de extinções em massa liquidarem metade das formas de vida da Terra.

Agora estamos nos preparando para o grande momento promovendo a maior matança desde os dinossauros. Os cientistas avaliam que até 2050 um terço de todos os animais e plantas possa estar em vias de extinção.

Uma maneira de prevenir isso: reduzir as emissões e tentar conter as mudanças climáticas que já estão em andamento. Outra forma, se tudo falhar: viaje pelo mundo coletando casais de todas as espécies ameaçadas pelo aquecimento global.

Se você ama os animais e tem um quintal grande, pode começar hoje mesmo sua coleção. Uma coleção de animais selvagens é uma espécie de zoológico particular, e é uma das únicas reformas domésticas que pode satisfazer tanto o seu empenho de conservação quanto o seu desejo de deixar os vizinhos com inveja. Não é uma empreitada fácil – uma coleção desse tamanho vai exigir que você gaste muitas horas limpando esterco – mas vai valer a pena.

Quais animais você deve salvar? A melhor resposta, claro, é "todos eles", mas mesmo com dedicado time de naturalistas itinerantes, será difícil acompanhar o ritmo de extinção de cinqüenta espécies por dia. Então comece com os grandes nomes. Isso significa: ursos polares (derretimento do gelo do Oceano Ártico), pingüins imperadores (derretimento do gelo do Oceano Antártico), tigres de bengala (elevação do nível do mar) e pandas (por favor, nós precisamos ter pandas).

Quando você tiver o quarteto principal, pode expandir. Cogite ir a Costa Rica para obter algumas das últimas rãs da mata tropical úmida, ou a Mongólia, pegar um dos últimos casais de garças brancas. Você também vai querer pensar em adicionar alguns animais menos conhecidos, mas absurdamente fofos para as crianças. Talvez um mundarda das montanhas, um fascólomo com pêlos no nariz ou um coelho peludo comedor de flores, que vaga pelas montanhas, conhecido como pika. Todas essas adoráveis criaturas vão provavelmente morrer relativamente logo, o que faz delas os acréscimos perfeitos a qualquer coleção da última moda.

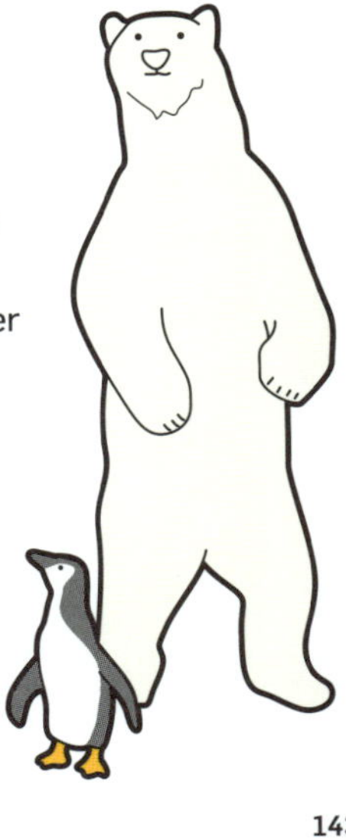

73 Colete Nuvens

Atenção: água dessalinizada para 1 milhão de americanos com energia não-renovável pode liberar 2,9 milhões de ton de CO_2 extra por ano.	CUSTO	TEMPO	ESFORÇO	IMPACTO
	US$ 400 ou mais	dias		

1,2 bilhão

de pessoas não têm acesso à água limpa.

Os seres humanos só conseguem sobreviver por poucos dias sem água. Então, quando a escassez de água causada pelo aquecimento global chegar ao seu bairro, a melhor chance de sobrevivência é ter algumas soluções inovadoras à mão.

Para quem estiver disposto a ir além, obter água potável caseira e em pequenas quantidades é uma habilidade que vale a pena dominar – além de ser mais confiável que a dança da chuva. Aqui estão três métodos viáveis que não exigem muito esforço.

CAPTURAR NEBLINA Também conhecido como coleta de nuvens, é simples, barato e eficiente. Grandes redes são estendidas nos declives de colinas e montanhas com nevoeiro denso. Conforme o vento sopra a neblina para as redes, um pouco de água fica presa na trama. No final, as gotas descem pela rede e são coletadas em tanques. Quando as redes são preservadas corretamente, os "capturadores de neblina" podem coletar água suficiente para abastecer vilarejos inteiros diariamente. Comunidades rurais em locais distantes como Chile, Iêmen e Nepal implementaram essa prática com sucesso.

DESSALINIZAÇÃO Algumas cidades têm grandes usinas de dessalinização para remover o sal da água do mar. Pessoas podem fazer isso em escala familiar. Os preços variam entre milhares de dólares, para máquinas que convertem centenas de litros por dia, até muito menos, para os sistemas menores que produzem apenas alguns litros por dia (também existem kits inteligentes para quem acampa ou navega). A maioria dos sistemas usa a osmose reversa, que passa a água do mar por uma membrana semipermeável. O sal e outras partículas ficam de um lado; a água dessalinizada passa para o outro. Nota: a menos que sua dessalinização seja movida a energia renovável, isso só vai aumentar o aquecimento global.

TIRAR ÁGUA DO AR Se você combinar um umidificador com um sistema de purificação de água, pode obter água potável do ar. Diversas empresas fazem dispositivos que condensam a água do ar e a passam por purificadores para criar algo entre 2 e 30 L de água limpa por dia, dependendo da umidade. Não são baratos, e a maioria requer eletricidade (apesar de alguns serem movidos a energia solar).

No século XX, o consumo de água foi equivalente ao dobro do crescimento populacional do mundo.

25,7 bilhões de litros de água são gastos em descargas de vasos sanitários todos os dias nos EUA.

Para mais informações, visite www.fogquest.org

SE TUDO O MAIS FALHAR

74 Construa uma Casa Flutuante

Se o nível do mar subir 1 m, 100 milhões de pessoas em Bangladesh podem ficar desabrigadas.	CUSTO	TEMPO	ESFORÇO	IMPACTO
	US$ 350.000 ou mais	semanas		

O acadêmico holandês Frits Schoute prevê que plataformas flutuantes em tamanho natural de edifícios poderão acomodar comunidades para viver e trabalhar no mar; cidades flutuantes serão possíveis até 2050.

Imóveis de frente para o mar nem sempre são uma coisa boa – especialmente quando ficam no Kansas. O aquecimento global já está derretendo placas de gelo e geleiras, e o conseqüente aumento no nível do mar ameaça inundar muitas ilhas e comunidades costeiras.

Os níveis do mar já foram elevados entre 10 e 20 cm no século passado, e, até o final deste século, podem estar 90 cm mais altos. Se você quiser saber se sua casa corre risco de ser inundada pelo aumento do nível do mar, acesse nwww.flood.firetree.net.

E se você estiver correndo risco? Considere a possibilidade de uma casa flutuante, como a que foi criada por construtores geniais na Holanda.

É assim que se faz. Eles constroem uma plataforma à prova de corrosão, bem ancorada ao fundo do mar por pilares. A base da casa, que fica na plataforma, é um cubo de concreto oco flutuante e funciona como um casco de navio quando o nível da água sobe. As próprias casas são feitas de madeira leve e flutuante. Para diminuir o risco de ficarem à deriva, as casas ficam presas a colunas de aço flexível por anéis deslizantes que sobem e descem com o nível da água. Eletricidade, água e esgoto passam por canos flexíveis.

Já existe uma comunidade forte de casas flutuantes na pequena cidade de Maasbommel na Holanda. As casas flutuantes de lá podem suportar um aumento no nível do lençol de água de até 4 m.

Na Nova Orleans pós-Katrina, onde muitas pessoas já têm de elevar suas casas em 1 m, além de começar a falar em construir casas flutuantes, os engenheiros também acham que conseguem adaptar as casas comuns para que sejam colocadas em plataformas flutuantes. Estudantes de engenharia da Louisiana State University criaram a fundação sem fins lucrativos Buoyant para explorar abordagens alternativas para a proteção contra enchentes.

Lembre-se: as casas não foram feitas para suportar furações – elas são à prova de enchente, não de vento. E são mais caras que as casas tradicionais, pelo menos por enquanto. Por outro lado, o que você tem a perder, além da sua casa?

634 milhões

de pessoas vivem em litorais de baixa elevação que correm risco de inundação com o aumento no nível do mar.

Pioneiros

A empresa holandesa Oons Bouwmaatschappij já construiu oito casas flutuantes fora de Amsterdã.

SE TUDO O MAIS FALHAR

Para mais informações, visite www.ecoboot.nl

75 Colonize o Espaço

Se 1 milhão de céticos fossem enviados para colonizar o espaço, seria um bom começo.	CUSTO	TEMPO	ESFORÇO	IMPACTO
	US$ 1 trilhão	muitos anos		

Novos lares em potencial

Quatro estrelas candidatas ao programa "Descobridor do Planeta Terrestre" da Nasa:

Epsilon Indi A
A cerca de 11,8 anos-luz na constelação Indus

Epsilon Eridani
Um pouco menor e mais fria que o sol, a cerca de 10,5 anos-luz de distância

Alpha Centauri B
Uma das vizinhas estelares mais próximas ao sol, a cerca de 4,35 anos-luz de distância

Tau Ceti
Uma estrela longeva o suficiente para que formas de vida complexas evoluam

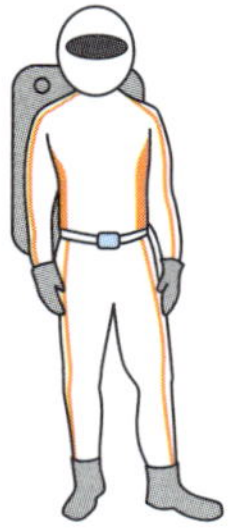

O físico mundialmente famoso Stephen Hawking acredita que se não colonizarmos o espaço, a humanidade pode ser destruída nos próximos mil anos.

"A vida na Terra corre um risco cada vez maior de ser extinta por um desastre, como o súbito aquecimento global", afirma Hawking. O aquecimento pode fazer com que a temperatura da Terra fique mais parecida com a de Vênus, ele declara, com chuvas ácidas e verões de 248°C.

Se tudo o mais realmente falhar, pode chegar o momento de procurarmos um novo planeta para morar. Mudar para outro sistema solar – sem contar o nosso vizinho Marte – não será de maneira alguma fácil ou barato. O preço atual de uma passagem para a Lua com a Space Adventures, uma agência de viagens lunares privada, tem o astronômico valor de US$ 100 milhões por assento.

Aumente suas chances de sobreviver ao frio, à escuridão e ao vazio do espaço estando bem preparado.

ANTES DE IR Case-se com um bilionário. Fugir da Terra não é barato. O time que levou para casa o Ansari X Prize por construir a primeira nave suborbital financiada pela iniciativa privada teve de desembolsar mais de US$ 100 milhões para fazê-la.

O QUE LEVAR NA VIAGEM

UM LIVRO BOM E GRANDE Ir à Marte já é uma viagem de seis meses, e chegar à Proxima Centauri, a estrela mais próxima, pode levar quatro anos – isto é, viajando na velocidade da luz.

MULTIVITAMÍNICOS A não ser que a sua espaçonave gere sua própria gravidade, prepare-se para passar sua jornada interestelar num ambiente de microgravidade – e no decorrer dela, você vai perder cerca de 1% do seu peso por mês.

SUCO EM PÓ Em vez de levar centenas de milhares de litros de água para o espaço, você vai basicamente beber água reciclada da sua própria urina, seu suor e do vapor d'água exalado (além de suor, urina e destilação do vapor de todas as pessoas e animais presentes).

O QUE VOCE VAI PRECISAR QUANDO CHEGAR LÁ

UM TANQUE DE OXIGÊNIO A atmosfera de Marte tem cerca de 1/160 do oxigênio da Terra – se você, de alguma forma, conseguir respirá-lo, vai acabar com um pulmão cheio de CO_2. Você ficará confinado em casa até descobrir como criar uma nova atmosfera do zero.

REDE DE CONTATOS Para manter a diversidade genética da colônia, você deve ter como objetivo obter uma nova população de pelo menos mil indivíduos saudáveis e em idade de reprodução.

SEU TERAPEUTA Psicólogos russos descobriram que depois de três meses no ambiente restrito de uma nave, os astronautas começam a ficar irritadiços e hipersensíveis.

Um plano de colonização de Marte pede um grande ataque nuclear inicial nos pólos. A explosão liberaria vapor de água e CO_2 – ambos devemos lembrar, gases do efeito estufa – que então começariam a capturar calor e outros gases.

Para a Lua!

O Tratado da Lua da ONU de 1979 declara que "a Lua e seus recursos naturais são uma herança comum da humanidade". Entretanto, o tratado nunca foi assinado pelos EUA, Reino Unido, China, Rússia... então, se por acaso você mora em um desses países, pode haver um novo estado ou província lunar no futuro do seu país.

76 Faça uma Cápsula do Tempo

Se, nos dias de hoje, enterrássemos 1 milhão de cápsulas do tempo, a população do futuro pensaria que fomos bem estranhos.

CUSTO	TEMPO	ESFORÇO	IMPACTO
variável	variável		

Livros de história são bons para as crianças, mas para realmente entender como as pessoas viviam, a melhor crônica é uma cápsula do tempo.

PAPEL RASCUNHO
"Eles tinham um papel especial para jogar fora? Não é à toa que esses idiotas arruinaram o planeta!"

UNIFORME DE KABADDI
O esporte nacional de Bangladesh – um tipo de Red Rover para sete jogadores – vai ter dificuldade em encontrar jogadores, uma vez que mais de 15 milhões de bengalis terão fugido do aumento da água por lá.

ARRANJO DE CABEÇA NO ESTILO CARMEN MIRANDA
Conforme as reservas de petróleo diminuem, os custos de envio vão impedir a importação de frutas, que serão consideradas artigos de luxo.

SUSHI
Populações de salmão estão sofrendo conforme suas regiões de desova ficam altas demais – não vai mais haver *sushi* em 2200.

PEÇAS COLECIONÁVEIS DE JORNADA NAS ESTRELAS
Inclua alguns bonecos de Worf para confundir as gerações futuras, fazendo-as pensar que éramos mais avançados do que na verdade somos.

Cidadãos do futuro terão muitas perguntas sobre nós e a forma como vivemos: "Por que deixaram o meu planeta tão quente?", "Não era óbvio que derreter as coberturas de gelo era uma péssima idéia?", "Como 6,5 bilhões de pessoas podem ter sido tão burras?". Uma cápsula do tempo pode ajudar a responder todas essas questões e vai dar uma idéia de como era a vida na Terra antes de a termos tornado insuportável. Aqui estão alguns itens populares para se considerar quando você for montar sua cápsula inspirada no aquecimento global.

Decida quando a sua cápsula do tempo deve ser aberta e coloque a data numa placa. Lembre-se de levar em consideração os efeitos das mudanças climáticas – como a desertificação, as enchentes freqüentes e o aumento do nível do mar. Uma cápsula do tempo do aquecimento global não vale muita coisa se estiver submersa. Do jeito que as coisas andam, as cápsulas enterradas durante as Feiras Mundiais entre 1939 e 1964 só serão acessíveis por submarino quando forem abertas 5 mil anos depois.

A COPA STANLEY
O troféu vai provar que times de hóquei costumavam patinar em grandes ringues de gelo fechados e com ar condicionado.

ANTOLOGIA DE POESIA NATURAL
Nas gerações futuras, a poesia natural vai assumir a forma de tiradas raivosas direcionadas ao calor inclemente e às constantes inundações.

GLOBO DE NEVE NATALINO
Com duas semanas a menos de inverno, você terá de sonhar com um Natal com neve.

CAIXA DE CDS DAS QUATRO ESTAÇÕES
No futuro as pessoas só conhecerão duas estações: "verão comum" e "verão estendido".

BRINQUEDOS DE PLÁSTICO
No futuro, o tempo livre será gasto revirando o lixo ou com trabalhos pesados. E não brincando de faz-de-conta com peças feitas de petróleo.

Para mais informações, visite www.futurepkg.com

SE TUDO O MAIS FALHAR

77 Evolua

Se 1 milhão de pessoas desenrolasse uma cadeia do seu DNA, o total se estenderia por 1.000 km.	CUSTO	TEMPO	ESFORÇO	IMPACTO
	0	muitos anos		

Os genes de pelo menos uma criatura, do mosquito norte-americano *Wyeomyia smithii*, por exemplo, já foram modificados em função da mudança climática.

Deixamos a opção mais drástica para o final. No advento de uma mudança climática catastrófica, tente evoluir ao máximo. A evolução ajudou os seres humanos em muitos momentos de dificuldade no passado, e é uma técnica de sobrevivência usada por todos os outros tipos de organismos vivos. Infelizmente, é bastante lento.

Com um programa de mutação bem gerenciado e um pouco de sorte da mãe natureza, você pode conseguir começar seu próprio desenvolvimento genético. Os resultados não serão perfeitos – você terá de aceitar as adaptações que ocorrerem – mas com um regime agressivo de irradiação matinal e coquetéis de mutação vespertinos, você certamente desenvolverá algo útil mais cedo ou mais tarde.

Lembre-se, você quer qualquer adaptação que o ajude a sobreviver e passar seus genes mutantes para a próxima geração de pós-humanos fortalecidos pelo calor. Algumas mudanças serão mais atraentes que as outras, mas você não pode ser seletivo. Tenha em mente o objetivo final: garantir que a seleção natural selecione você.

ORELHAS GIGANTES

Equipadas com vasos sanguíneos, essas novas orelhas mutantes vão mantê-lo fresco irradiando o calor do seu corpo para o ar do ambiente – você nem vai piscar quando a temperatura do mundo aumentar 10ºC. Você terá ainda mais poder de refrescamento se descobrir como fazê-las abanar.

MIGRAÇÃO ADAPTÁVEL

Quando os padrões climáticos mudarem, você vai começar a sentir um desejo incontrolável de ir em direção aos pólos. Siga seu instinto. Muitas espécies de pássaros – toutinegras, pintassilgos, lavandeiras – já alteraram seus fluxos migratórios para tentar acompanhar a mudança de temperatura.

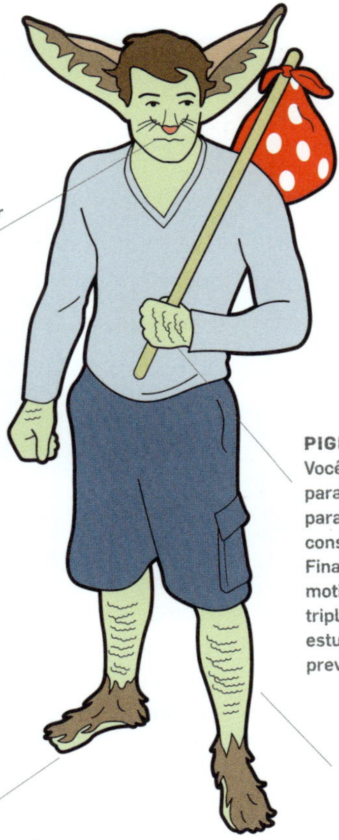

BOCA DE MUSARANHO

Atualmente são necessárias dez unidades de combustível para produzir cada unidade de alimento. Quando os preços absurdos do petróleo tornarem cara demais a produção de comida nas fazendas de criação, teremos de procurar populações de insetos para o jantar. Línguas longas e vibrantes seriam um grande benefício para capturar essas pequenas criaturas. São necessárias 2 mil moscas domésticas para fazer um "Quarteirão com queijo". Que delícia!

PIGMENTO VERDE

Você terá de ser muito sortudo para conseguir uma mutação para pele fotossintética. Mas se conseguir, tirou a sorte grande. Finalmente, vai haver um motivo para comemorar a triplicação dos gases do efeito estufa na atmosfera que está prevista para o fim do século.

PELE ESCAMOSA

Claro, você vai parecer o monstro de Gila, mas pelo menos vai estar vivo. Até 2050, partes dos EUA vão passar por uma diminuição de 30% das chuvas. Quando a seca chegar à sua vizinhança, conte com essa pele dura e à prova de úlceras para manter seu corpo hidratado.

PÉS COBERTOS DE PÊLOS

Com as temperaturas aumentando e os índices de chuva diminuindo em alguns lugares, está na hora de enfrentar a realidade de que mais cedo ou mais tarde você vai ter de atravessar um deserto. Para que você tenha a melhor experiência nas dunas, obtenha um pouco de DNA de gato-de-areia: as patas são cobertas de pêlos longos que protegem do calor escaldante.

SE TUDO O MAIS FALHAR

Posfácio

Assim como você, estou diariamente aprendendo como viver de forma a reduzir meu impacto sobre o clima.

Sobre essa questão, acredito que não devemos buscar a perfeição, mas sim fazer progressos contínuos. Ler o *Manual* Live Earth *de Sobrevivência ao Aquecimento Global* é um primeiro passo fundamental.

Acredito que todos nós podemos atacar esse problema à nossa maneira e por meio de nossa capacidade individual de influência. As ações e táticas simples delineadas neste livro, se aplicadas em escala mundial, podem ter um impacto enorme no combate ao aquecimento global.

Fundei o "*Live Earth* – Os Shows Contra o Clima em Crise" porque produzir, promover e distribuir eventos de entretenimento ao vivo é o que sei fazer de melhor, e unir pessoas e iniciar movimentos é o que a música faz de melhor.

Meu desejo sincero é que o dia 7 de julho de 2007, a data dos shows do *Live Earth*, marque o começo de um movimento mundial de combate à crise do clima. Mais de 100 atrações foram confirmadas para apresentação por mais de 24 horas nos sete continentes. Esses artistas vão se conectar a um público de mais de 2 bilhões de pessoas ao redor do mundo com shows ao vivo e transmissões pela internet, televisão, rádio e canais *wireless*, além de outras mídias. O *Live Earth* não é apenas um apelo para entrarmos em ação, ele também oferece as ferramentas necessárias para atender a essa convocação com ações significativas e duradouras.

O *Live Earth* é um projeto da campanha SOS, que utiliza todas as plataformas de mídia disponíveis para criar um movimento em massa de combate à crise do clima. O aquecimento global é o maior desafio ambiental da humanidade – não no futuro e não em outro lugar, mas sim aqui e agora. Convido a todos a se sintonizar ao *Live Earth* e participar do movimento SOS.

Juntos, podemos resolver esse problema.

Kevin Wall, junho de 2007.

FUNDADOR E PRODUTOR MUNDIAL
DO *LIVE EARTH* E DA CAMPANHA SOS

Glossário

ALBEDO
Medida da radiação solar refletida pela superfície da Terra para o espaço (atualmente cerca de 30%)

ANTROPOGÊNICO
Feito pelo homem; resultante da influência humana em processos naturais

AUMENTO DO EFEITO ESTUFA
O efeito estufa natural potencializado pelas atividades humanas

CICLO DO CARBONO
Processo pelo qual os organismos absorvem e liberam o carbono na atmosfera

DEFASAGEM CLIMÁTICA
Atraso nas mudanças climáticas causado pelo efeito retardante de um evento, como a liberação do CO_2 na atmosfera quando o gás é armazenado no oceano

DESERTIFICAÇÃO
Transformação de terra fértil em um *habitat* desértico, com a diminuição do nível do lençol d'água, solo árido e aumento no ritmo de erosão

DIÓXIDO DE CARBONO (CO_2)
Gás expelido pelos animais e absorvido pelas plantas; um forte gás do efeito estufa

DIÓXIDO DE CARBONO EQUIVALENTE (CO_{2e}) OU CARBONO EQUIVALENTE (CO_e)
Medida do potencial de aquecimento global (PAG) das emissões de gases do efeito estufa que não sejam CO_2; é expressa na forma PAG de CO_2

ENERGIA RENOVÁVEL
Energia derivada de fontes natural e constantemente reabastecidas na Terra

EVAPOTRANSPIRAÇÃO
Remoção da umidade do solo pela absorção, uso e evaporação vegetal

GÁS DO EFEITO ESTUFA
Gás que absorve energia na atmosfera, como o CO_2, o metano e o N_2O

IPCC (Painel Intergovernamental de Mudanças Climáticas)
Órgão internacional formado em 1988, comissionado pela ONU para avaliar a mudança climática e as contribuições humanas

MECANISMO DE AÇÃO
Processo que altera o equilíbrio do sistema climático, como erupções vulcânicas ou o aumento do efeito estufa pelo CO_2

MECANISMO DE RETROALIMENTAÇÃO
Fenômeno em que a mudança de uma variável influencia uma série de eventos, que podem enfraquecer ou fortalecer a mudança climática

MUDANÇA CLIMÁTICA
Desvio significativo nas medidas climáticas (como temperatura, precipitação e vento) que dure uma década ou mais

POTENCIAL DE AQUECIMENTO GLOBAL
Medida da capacidade de um gás aquecer a atmosfera em relação à capacidade do CO_2

PROTOCOLO DE KYOTO
Acordo internacional para redução mundial de emissões de gases do efeito estufa, feito em Kyoto, Japão, em 1997

SEQÜESTRO
Armazenagem de carbono por árvores, plantas e outros materiais

SUMIDOURO DE CARBONO
Qualquer coisa que emita menos carbono na atmosfera do que absorva

Fontes

ALLIANCE TO SAVE ENERGY
Organização sem fins lucrativos para a criação de políticas públicas
www.ase.org

CENTER FOR BIOLOGICAL DIVERSITY
"Porque a vida é boa" diz o lema do centro, que defende espécies ameaçadas de extinção e seus *habitats*.
www.biologicaldiversity.org

CLIMATE COUNTS
Financiada pela Stonyfield Farms, essa organização sem fins lucrativos incentiva empresas e consumidores a combater o aquecimento global e tem um guia de fácil consulta para encontrar fontes limpas de energia nos cinqüenta estados norte-americanos
www.climatecounts.org

CLIMATE PROGRESS
Notícias e comentários constantes sobre a mudança climática, por meio de um projeto da organização sem fins lucrativos Center for American Progress.
www.climateprogress.org

ENVIROLINK
Uma conexão constante com fontes *on-line*
www.envirolink.org

ENVIRONMENTAL DEFENSE
Com a força de meio milhão de membros, essa organização pragmática sem fins lucrativos cria parcerias com empresas para minimizar as preocupações ambientais
www.environmentaldefense.org

EPA
O vasto site da Agência de Proteção Ambiental dos EUA se tornou uma respeitável fonte de aprendizado ecológico
www.epa.gov

FRIENDS OF THE EARTH
Esse grupo de alta visibilidade reúne movimentos pelo meio ambiente desde 1969
www.foe.org

GREEN CROSS INTERNATIONAL
Fundada por Mikhail Gorbachev, a GCI trabalha para impedir a mudança climática, eliminar as armas de destruição em massa e oferecer água potável segura
www.globalgreen.org

THE GREEN GUIDE
Fonte definitiva do consumidor verde
www.thegreenguide.com

GREENPEACE
Empreende uma abordagem dinâmica por uma mudança ambiental desde 1971
www.greenpeace.org

GRIST
Fonte de notícias ambientais e blog – engraçado e informativo
www.grist.org

LIME
Plataforma múltipla de um grupo de mídia, sede de uma rede de usuários com consciência verde
www.lime.com

NATIONAL GREEN PAGES
Produtos e serviços de quase 3 mil empresas avaliadas pela Co-op America
www.coopamerica.org/pubs/greenpages

NATURAL RESOURCES DEFENSE COUNCIL
Principal organização que utiliza a ciência e o direito para proteger o ambiente
www.nrdc.org

PIRG – PUBLIC INTEREST RESEARCH GROUPS
A federação de PIRGs ao redor dos EUA coloca as causas ambientais entre suas prioridades
www.uspirg.org

SHIFTING BASELINES
Projeto de mídia que chama atenção para a primeira vítima da crise climática, os oceanos
www.shiftingbaselines.org

TREEHUGGER
Blog verde popular que oferece notícias e conselhos para uma vida sustentável
www.treehugger.com

UNION OF CONCERNED SCIENTISTS
Grupo de acadêmicos que explica o que está por trás da necessidade de mudança de políticas públicas
www.ucsusa.org

WORLDCHANGING
Recursos e idéias para uma eco-neutralização coletiva das práticas humanas
www.worldchanging.org

WORLD RESOURCES INSTITUTE
Instituto de políticas públicas ambientais, que comemora 25 anos de trabalhos intensos
www.wri.org

Ciência do Aquecimento Global

CLIMATE ARK
Portal vasto e informativo de notícias sobre a mudança climática
www.climateark.org

THE CLIMATE INSTITUTE
Esse site é fruto do trabalho de uma rede de especialistas e alianças.
www.climate.org

IPCC - INTERGOVERNMENTAL PANEL ON CLIMATE CHANGE
O IPCC, em Genebra, é uma iniciativa sancionada internacionalmente que avalia em termos científicos a mudança climática
www.ipcc.ch

PEW CENTER ON GLOBAL CLIMATE CHANGE
Uma valiosa coleção de pesquisas e análises sobre o aquecimento global
www.pewclimate.org

UNIVERSITY CORPORATION FOR ATMOSPHERIC RESEARCH
O bem-sucedido e influente instituto de pesquisa em Boulder, Colorado, é um monitor confiável da mudança climática.
www.ucar.edu/research/climate

Negócios

1% FOR THE PLANET
Liderada por dois executivos conservadores, os membros doam 1% de suas vendas para programas ecológicos
www.onepercentfortheplanet.org

GREENBIZ & CLIMATEBIZ
Ajuda empresas a tornarem-se responsáveis ecologicamente sem comprometer os lucros
greenbiz.com
climatebiz.com

SOCIAL INVESTMENT FORUM
Grupo confiável de defesa e pesquisa de investimentos com responsabilidade social.
www.socialinvest.org

Comida, Habitação & Viagem

BUILDING GREEN
Câmara de compensação com informações sobre construção verde
www.buildinggreen.com

EARTHSCREEN
Descontos e gratificações em compras que respeitam o meio ambiente
www.earthscreen.com

ENERGY STAR
Informe-se sobre produtos e métodos de construção que estão de acordo com as orientações da EPA e do Departamento de Energia dos EUA
www.energystar.gov

GREENHOMEBUILDING
Aprenda sobre construções sustentáveis
www.greenhomebuilding.com

HOTEL ECO-LABELS
Entre as organizações que comprovam as ações ecológicas dos hotéis estão a Green Globe, Green Seal, EcoClub e Project Planet
www.greenglobe.org
www.greenseal.org
www.ecoclub.com
www.projectplanet.biz

LOCALHARVEST
Site de compras locais com um grande diretório de mercados de compras direto das fazendas
www.localharvest.org

ORGANIC CONSUMERS ASSOCIATION
Notícias para os 50 milhões de consumidores orgânicos dos EUA
www.organicconsumers.org

SUSTAINABLE TRAVEL INTERNATIONAL
Promove práticas ecológicas entre os viajantes e empresas relacionadas ao turismo
www.sustainabletravelinternational.org

U.S. GREEN BUILDING COUNCIL
Principal organização de profissionais da construção que trabalham para criar espaços para habitação e trabalho com responsabilidade ambiental
www.usgbc.org

Transporte

ERIDESHARE
Boletim *on-line* para sistemas de carona e pontos de encontro para carona na América do Norte
www.erideshare.com

FUELECONOMY.GOV
Loja da Agência de Proteção Ambiental dos EUA para classificação de combustível
www.fueleconomy.gov

GREENERCARS
As principais opções de carros verdes, do ACEEE (Conselho Americano para uma Economia Eficiente em Energia)
www.greenercars.com

NATIONAL CENTER FOR BICYCLING & WALKING
Planejamento de políticas públicas e apoio para organizações de transporte com a mesma consciência
www.bikewalk.org

THUNDERHEAD ALLIANCE
União nacional americana de grupos de defesa de ciclistas locais e estaduais
www.thunderheadalliance.org

Livros

PLAN B 2.0: RESCUING A PLANET UNDER STRESS AND A CIVILIZATION IN TROUBLE
Lester R. Brown (Norton, 2006)
Orientação detalhada para os desafios ambientais da Terra, pelo renomado fundador do Earth Policy Institute

UMA VERDADE INCONVENIENTE
Al Gore (Manole, 2006)
A apresentação em *slides* que virou filme e o filme que virou livro, do ex-vice-presidente Al Gore, apresenta os fatos da mudança climática com uma narrativa envolvente e gráficos inteligentes

WORLDCHANGING: A USER'S GUIDE FOR THE 21ST CENTURY
Alex Steffen, ed. (Abrams, 2006)
O compêndio dos movimentos verdes dos dias de hoje é bíblico em tamanho e abrangência

THE GREEN HOUSE: NEW DIRECTIONS IN SUSTAINABLE ARCHITECTURE
(Princeton Architectural Press, 2005)
Uma pesquisa das casas mais lindas e impressionantemente sustentáveis no mundo todo

FIELD NOTES FROM A CATASTROPHE: MAN, NATURE, AND CLIMATE CHANGE
Elizabeth Kolbert (Bloomsbury, 2006)
Uma pesquisa clara e concisa dos efeitos já aparentes e dos desafios que estão por vir com a mudança climática

NATURAL CAPITALISM: CREATING THE NEXT INDUSTRIAL REVOLUTION
Paul Hawken, Amory Lovins e L. Hunter Lovins (Back Bay, 2000)
Análise de especialistas sobre uma transformação do mundo dos negócios que direcione a crise ecológica.

Por Trás Deste Livro

LIVE EARTH

Unindo mais de 150 artistas nos sete continentes, os shows do *Live Earth* usam o alcance global da música para transmitir um chamado à ação.
www.liveearth.org

S S

Save Our Selves (Vamos nos Salvar) – A Campanha por um Clima em Crise vai iniciar um movimento global de combate à crise climática, começando pelos shows do *Live Earth*.
www.saveourselves.com

ADVENTURE ECOLOGY

A Adventure Ecology é um movimento jovem que oferece uma plataforma de inspiração para a comunidade, a fim de promover mudanças e atitudes a respeito do aquecimento global.
www.adventureecology.com

Brand Neutral

A Brand Neutral ensina a empresas estratégias ambientais e de energia para diminuir os custos e atingir os consumidores.
www.brandneutral.com

THE °CLIMATE GROUP

Em 2007, o Climate Group, uma organização independente e sem fins lucrativos, lançou a campanha "We're in This Together" (Estamos Juntos Nisso), uma parceria de empresas que têm como objetivo facilitar a vida dos consumidores que fazem alguma coisa a respeito da mudança climática.
www.theclimategroup.org
www.together.com

Agradecimentos

O Live Earth gostaria de agradecer a todos no Live Earth e na Adventure Ecology.

Este livro não teria sido possível sem Leigh Haber da Rodale e a empenhada equipe da Melcher Media: Charles Melcher, *publisher*; Bonnie Eldon, editora associada; Duncan Bock, editor-chefe; David E. Brown, editor; Lindsey Stanberry, editora assistente; Kurt Andrews, diretor de produção, e Jessi Rymill e Carl Williamson, *designers* da Circle & Square.

A Melcher Media gostaria de agradecer Browyn Barnes, Adam M. Bright, Morgan Clendaniel, Daniel Del Valle, Max Dickstein, Alissa Faden, Tom Feegel, Holly Gressley, Rachel Griffin, Kit Hawkins, Charles Komanoff, Lisa Maione, Mark Miller, Betty Morin, Andrea Nakayama, Lauren Nathan, Kirthana Ramisetti, John Rego, Lia Ronnen, Holly Rothman, Kristina Schake, Ellen Sitkin, Lily Sobhani, Josh Stempel, Alex Tart, Shoshana Thaler, Marti Trgovich, Betty Wong e Megan Worman.

PROJETOS EDITORIAL E GRÁFICO: CIRCLE & SQUARE

ILUSTRAÇÕES: WILLIAM VAN RODEN

PRODUZIDO POR

MELCHER MEDIA

124 West 13th Street
New York, NY 10011
www.melcher.com

A **Editora Manole**, por meio de uma parceria com a The Green Initiative, neutralizou a emissão de dióxido de carbono (CO_2) resultante da realização e distribuição deste livro. A alta concentração deste gás é uma das principais causas da intensificação do Efeito Estufa, diretamente relacionado ao aquecimento global.

O projeto técnico de neutralização de gases-estufa envolve o inventário de suas emissões no ciclo de vida da produção e distribuição da primeira tiragem desta obra e o plantio e a manutenção das mudas de árvores nativas correspondentes a sua compensação – e pode ser encontrado na íntegra em **www.thegreeninitiative.com**.